U0159507

柔性城市

密集·多样·可达

柔性城市

密集·多样·可达

［英］大卫·西姆 著

王 悦 张元龄 谢云侠 陆 苹 张文烁 池晓汐 王 赫 译

姜 洋 王江燕 审校

中国建筑工业出版社

著作权合同登记图字：01-2021-0851号

图书在版编目（CIP）数据

柔性城市：密集·多样·可达 /（英）大卫·西姆
著；王悦等译. —北京：中国建筑工业出版社，
2021.11（2023.12重印）
书名原文：Soft City: Building Density for
Everyday Life
ISBN 978-7-112-26790-3

Ⅰ.①柔… Ⅱ.①大… ②王… Ⅲ.①城市规划—建
筑设计—研究 Ⅳ.①TU984

中国版本图书馆CIP数据核字（2021）第208928号

Soft City / David Sim

本书由美国 Island 出版社授权翻译出版

责任编辑：姚丹宁　董苏华
责任校对：李美娜

柔性城市
密集·多样·可达

[英]大卫·西姆　著
王　悦　张元龄　谢云侠　陆　苹　张文烁　池晓汐　王　赫　译
姜　洋　王江燕　审校
*
中国建筑工业出版社出版、发行（北京海淀三里河路9号）
各地新华书店、建筑书店经销
北京锋尚制版有限公司制版
北京富诚彩色印刷有限公司印刷
*
开本：880毫米×1230毫米　1/16　印张：16¼　字数：421千字
2021年11月第一版　　2023年12月第三次印刷
定价：**175.00**元
ISBN 978-7-112-26790-3
（38540）

柔性城市中的"柔性"是什么?

柔性是响应能力
可容纳、可吸收、柔软、柔韧、宽容、容忍、灵活、有弹性、可延伸、可适应、可改变、反脆弱

柔性是轻松
简单、直接、随和、省力、流畅、直观、容易理解

柔性是舒适
舒适、温暖、安全、保护、庇护、安宁、宁静、"hyggelig"*

柔性是共享
社会化、共同、相互、互惠、参与、公共

柔性是多元
协同、混合、混合用途、重叠、多功能、互联

柔性是简单
低技术、低成本、低调、适度

柔性是小巧
人本尺度、人性化维度、独立控制、分形、自决

柔性是感官刺激
感官、赏心悦目、迷人、有魅力、有趣

柔性是平静
安宁、宁静、冷静、低调、安静、温和

柔性是信任
踏实、透明、确定、自信

柔性是关怀
温和、同情、共鸣、移情、关心、宜人、亲切

柔性是有吸引力
热情、可达、有渗透性、开放

柔性是生态
低干涉、自然、季节性、低碳足迹

柔性是为日常生活带来轻松、舒适与关怀

---

* hyggelig:丹麦文化中倡导的一种生活方式,意思是"安详的、舒适惬意的"。——译者注

目录

序言
扬·盖尔

1933年，一批欧洲知名的建筑师和城市规划师齐聚希腊雅典，签署了革命性的国际现代建筑协会《城市规划宪章》（即《雅典宪章》），从此掀开了城市规划的新篇章。《雅典宪章》阐述了关于未来建筑与城市的设想，建议未来的城市规划应该严格区分不同功能，始终保持居住、工作、游憩和交通四大功能相互分离。因此，这种城市规划方法被称为功能主义。这份宪章在城市规划领域掀起的运动被称为现代主义运动。《雅典宪章》中的观点不仅成为20世纪建筑和城市规划的指导原则，也成为世界范围的绝对主流。尤其是1960年以后，随着全球迎来快速城市化，现代主义城市规划原则完全占据了主导地位。在此期间，围绕人类的生活空间创造城市的传统观念，被围绕建筑布置剩余空间的规划理念所取代。功能单一的独立建筑，周围以定义模糊的无人地带环绕，这种现代主义的规划理念在世界各地大行其道。总之，这种全新的规划原则，代表了人居环境历史上最激进的方向转变。而且从总体上来说，没有一种恰当的方式能够评估这种转变是否真正适合人类。但事实上，这类人居环境所带来的普遍不满，证明这些原则并不适合人类。

1998年，欧洲城市规划者们在65年之后再次齐聚雅典。这次大会总结了从上一次会议以来的经验，形成了新版《雅典宪章》，其基本原则是绝对不能区分居住、工作、游憩和交通等城市功能。风向从此彻底扭转！

我们似乎用了65年的时间，在建设了无数个现代主义城市街区之后，才得出了这个结论。然而，多年来，一种人性化城市运动却在逐渐兴起，与这种技术专制的现代主义运动分庭抗礼。

在文献著作和学术研究领域，最出类拔萃的当属纽约的简·雅各布斯和她在1961年出版的经典著作《美国大城市的死与生》。

简·雅各布斯用绝佳的视角，旗帜鲜明地剖析了现代主义城市规划存在的诸多问题。她开始为城市规划指明新的方向：在开始规划和设计之前，请看看窗外的环境；看看周围的人；看看人们的生活。在她发出号召之后的数十年间，有无数研究者针对城市的建成形态对生活质量的影响，展开了深入研究。以威廉·H.怀特和后来的非营利组织"公共空间项目"（PPS）为代表的纽约学派，继承了简·雅各布斯的精神，继续开展研究。在美国加利福尼亚州，以克里斯多弗·雅各布、唐纳德·阿普尔亚德、克莱尔·库珀·马库斯、艾伦·雅各布斯和彼得·鲍斯文为代表的伯克利学派，数十年来为以人为本的建筑和城市规划贡献了大量宝贵的研究成果和见解。

在哥本哈根，20世纪60年代中期，丹麦皇家艺术学院建筑学院形成了极其广泛的研究环境。40多年来，该学院持续致力于研究以人为本的建筑和城市规划。我有幸与拉尔斯·吉姆松、比吉特·斯娃若和卡米拉·范·德尔斯等多位研究者一起，成为哥本哈根学派的成员之一。哥本哈根学派出版了大量著作，如《交往与空间》（1971年）、《公共空间·公共生活》（1996年）和《人性化的城市》（2010年）等，书中的内容从书名即可一目了然。多年来，这些作品被传播到世界各地。哥本哈根市成为全球最适宜居住的城市之一，哥本哈根学派功不可没。多年以来，包括奥斯陆、斯德哥尔摩、悉尼、墨尔本、伦敦、纽约和莫斯科在内的许多城市都采用了以人为本的城市规划理念。

一方面，研究者持续开展形形色色的研究并将研究成果应用到城市改造项目当中，与此同时，世界各地出现了一系列意义重大的以人为本的住宅项目。英裔瑞典建筑师拉尔夫·厄斯金从20世纪40年代到2005年去世之前设计的社区和住宅项目，是其中的杰出代表。现代主义者的设计理念是功能单一的独立建筑，周围有大量剩余空间环绕，但拉尔夫·厄斯金的设计却将人、建筑、建筑之间的空间作为核心。在这种设计理念的指导下，诞生了出色的社区、良好的场地规划和优秀的建筑，它们高度重视细节、人和在人视线高度的城市。拉尔夫·厄斯金的建筑事务所参与的主要项目包括瑞典桑维卡、蒂布鲁、埃斯佩兰萨和埃克尔的社区项目；加拿大浅水湾；英国纽卡斯尔的拜克墙等。

拉尔夫·厄斯金的作品备受居民喜爱，尤其是在瑞典，他的理念对良好社区的规划艺术产生了深刻的影响。曾与厄斯金共事多年的克拉斯·塔姆教授设计了瑞典马尔默著名的Bo01社区。本书将对该社区展开详细讨论。这个项目完全体现了拉尔夫·厄斯金的设计精髓。瑞典最近的Järva Sjö和哈马碧湖城等项目，也受到了以人为本的"厄斯金式建筑形态"的显著影响。

在2000年的一次采访中，拉尔夫·厄斯金被问到如何成为一名优秀的建筑师。他回答说："一位优秀的建筑师首先要对人有爱心，因为建筑是一种应用艺术，会设定人们的生活框架。"

但以上的内容与大卫·西姆的《柔性城市》有什么关系呢？事实上，它能帮助您了解大卫·西姆的经历和背景，以及他所提出的"柔性城市"这个理念，与当前的住宅和城市规划趋势在哪些方面相互契合。

与前辈厄斯金一样，大卫·西姆同样从英国搬到了斯堪的纳维亚，无论是求学、在建筑专业授课还是最近成为盖尔事务所的合伙人兼创意总监，他都受到了哥本哈根学派的显著影响。作为隆德建筑学院的老师，他的同事中有多位优秀的"厄斯金主义者"，尤其是克拉斯·塔姆教授。他在求学期间接触了大量以人为本的城市规划理念。良好的城市和宜居的环境，是他的研究方向，也是本书所探讨的主题。他在本书中详细描述了日常生活中的场景，以及真正的柔性城市必须解决的许多细节问题，充分体现出哥本哈根学派对他的影响和他对这些问题的关注。

《柔性城市》是一本高度个性化的作品，体现了大卫对人与生活的浓厚兴趣。他在世界各地参与了大量项目，接触过不同的文化，积累了丰富的经验。他有独特的视角和敏锐的观察力，他对日常生活和城市场景的思考，必能让您受益匪浅。关于人性化建筑和城市规划的文献层出不穷，而《柔性城市》在其中写下了浓重的一笔。建筑和城市规划确实需要变得更加柔软。

就从这本书开始吧！

扬·盖尔

哥本哈根，2020年4月

致中国读者

不怕成长缓慢，就怕止步不前。

亲爱的中国读者朋友们：

当人们纷纷涌入城市，人口密度的增加与城市功能的多样化会增进生活的便利性。人口的集中和人与人在空间上的接近，给城市创造了大量机会，当然也带来了许多挑战。在这一点上，没有人比中国人的感受更加深刻。在《清明上河图》中，我们看到了一千年前充满活力的城市生活场景，证明中国的城市性和公共生活有着悠久的历史。然而，更引人注意的或许是，现代中国在短期内开展的大规模城市建设，这一壮举在其他任何国家都是难以实现的。

在20世纪最后几十年和21世纪的前十年里，中国快速的城市化建设令人印象深刻，从贫困的农村到繁荣的都市，有数以百万计的中国人民过上了富足、舒适、便利的现代化生活。城市化不只是创造物理环境，还有随之诞生的全新的生活方式。然而，这种巨变也造成了环境、社会和经济可持续性方面的多重后果。

一方面，城市是最高效、最可持续的人类聚集地，能够容纳复杂的人类生活，但另一方面，我们必须观察和了解城市化，以及由此带来的城市生活方式对于城市居民和支持城市发展的乡村腹地所造成的极端影响。

凡事都有两面性。虽然城市汇聚了大量人口，但对于许多人而言，城市依旧是一个孤独的地方；或者说，尽管城市生活能够带来财富或者良好的医疗设施，但城市也在给市民带来疾病。这一点颇具讽刺意味。

因此，城市建设者不能只考虑物质财富和身体舒适，一味修建高科技的建筑和公路等基础设施，还要考虑到城市更难衡量的"柔性"的一面，比如健康和幸福感，从日常锻炼到人际接触，以及感官愉悦等等。

基于这种考虑，好的未来城市或许不会那么"未来派"。为了不一味追求更快、更高、更智能和更庞大而牺牲市民的健康和幸福，我们需要考虑人性化维度、人性尺度和人类速度，建设由小尺度社区组成的节奏更缓慢、楼层更低、更加简单的城市。

不要把城市化理解成宏伟的建筑、巨大的空间和复杂的技术，我们必须认识到，照顾好虽然平凡但极其重要的日常生活的方方面面，才是城市化建设任务的重中之重。我坚信，真正高品质的生活来源于平凡的事物，比如更方便过马路的路线，更好等公交车的方式，更适合儿童玩耍的场所和晚上更安心的睡眠——即使在市中心也可以开着窗户安然入睡。

当然，本书是基于北欧的情况撰写的，而我知道哥本哈根的文化和气候与北京、深圳或上海截然不同。但中国地大物博，不同地形和地区之间也会有明显的文化和气候差异。在我看来，任何城市，无论位于欧洲或者中国的哪个地区，它们都有一个共同点，那就是其中的居民都惊人的相似。所有城市居民作为人类，都用双腿走路，用眼睛观察，用耳朵倾听，用双手触摸。人们有同情心和好奇心，敏感而又善于交际，有乐观的心态又有投机的心理，都有雄心壮志，都憧憬着美好的生活。

我非常荣幸能为《柔性城市》（中文版）撰写序言。我的书能被翻译成全世界最广泛使用的语言，献给最多产的城市建设者们，这让我备感激动。你们将决定未来中国城市的发展方向，我希望你们在中国建设属于自己的"柔性城市"时，能够从本书中得到一些启示。

感谢您在百忙之中阅读拙作。
祝万事如意！

大卫·西姆
写于哥本哈根，2021年

Be not afraid of growing slowly, be afraid only of standing still.

Chinese Proverb

Dear Chinese Reader,

When people come together in cities, density can be combined with diversity, resulting in proximity. This concentration and closeness bring with them many opportunities and of course also many challenges. No one in the world knows this better that the Chinese. Scenes of vibrant public life almost one thousand years ago in "Along the River during the Qingming Festival" witness the long history of Chinese urbanity and public life. More recently, and perhaps even more significantly, nowhere else on the planet has there been so much city building in such a short period of time than in modern-day China.

The rapid urbanisation of China in the last decades of the 20th and the first decades of the 21st centuries is an impressive story, a journey from rural poverty to urban prosperity, with millions upon millions of Chinese accessing the assets, comforts and conveniences of modern life. It's not just physical environments that have been created, but also new lifestyles which have become possible. However, such great changes did not come about without consequences for environmental, social and economic sustainability.

On the one hand, cities can be seen as the most efficient and sustainable container to accommodate the complexity of human life, but on the other, we must observe and understand the extreme effects urbanisation, and the urban lifestyles that result, generate both for the people who live in urban places as well as the rural hinterland required to support a city.

There is also an irony in that despite the concentration of so much human life in one place, cities can still be such lonely places for so many, or despite the wealth that comes with urban life or the access to excellent medical facilities, cities can still make people sick.

Therefore, city builders should be concerned not only with material wealth and physical comfort, with the technical infrastructure of buildings and roads, but also with the more difficult to measure, "softer" aspects such as health and happiness; everything from everyday exercise to social encounters and sensory pleasures.

In this way, the good city of the future, might not be so futuristic. To make healthy and happy people, rather than being faster, taller, smarter and bigger, we need the human dimension, the human scale and the human pace, with slower cities, lower cities, simpler cities and cities made up of smaller-scaled neighbourhoods.

Rather than thinking of urbanism as being about spectacular architecture, huge spatial gestures, and complicated technology, we need to recognise that what is important is taking care of the banal but very important everyday aspects of life. I firmly believe that that real quality of life comes from rather ordinary things, a better way to cross the street, a better way to wait for the bus, a better place for your children to play and a better night's sleep – perhaps with an open window in the middle of the city.

Of course, this book has been written from the perspective of the north of Europe, and I know that the culture and climate of Copenhagen is very different to that of Beijing, Shenzhen or Shanghai. But at the same time, in such a large country as China there are also significant cultural and climatic differences between the many diverse landscapes and regions. What all cities have in common whether they are in different regions of Europe or different regions of China, is that their inhabitants are surprisingly similar. All are the same kind of beings, walking about on their legs, seeing with their eyes and hearing with their ears, touching with their hands. Caring and curious, sensitive and sociable creatures, optimistic and opportunistic, ambitious and aspiring for a better life.

I am humbled to write this introduction to the Chinese Edition of Soft City. I am excited that my book has been translated to the most-spoken language in the world for the most prolific city builders in the world. It is for you, not me, to decide how cities in China will develop in the future, but I hope that you will find something useful when you build your versions of a Soft City in China.

Thank you for taking the time to read my book.

With best wishes

David Sim

Copenhagen 2021

英文版序言

　　19岁那年，我在苏格兰攻读建筑学的时候，第一次听扬·盖尔讲课。扬·盖尔先生彬彬有礼，幽默风趣，他的通识课中囊括了建筑、规划和心理学等不同领域，包含了他对于人本特征*敏锐的观察。我从扬那里学到了在日常环境中一些微不足道的、似乎有些老套的因素所具有的重要意义；这些简单的事物会影响我们的行为和身心健康。我还从他身上学到了，设计灵感大多数时候都来自对周围的人和环境的观察；源自从成功和失败的设计当中总结得失。

　　这种实用主义的理念为我未来继续深造和进入职场奠定了基础。我在丹麦和瑞典学习期间，除了师从扬·盖尔以外，斯坦·埃勒·拉斯穆森、斯文·英格瓦·安德森、拉尔夫·厄斯金和克拉斯·塔姆等许多建筑师也成为我的老师和偶像。在斯堪的纳维亚生活期间，当地精美的日常建筑和设计所遵循的传统理念，让我理解并懂得了建筑应该对大自然和人类有基本的尊重，也体会到了一种更有柔性的日常生活方式。

　　2002年，我在哥本哈根加入了刚刚成立的盖尔建筑事务所。从此之后，我与这个热情专注、才华横溢的团队一起发展壮大，坚持践行"城市设计以人为本"的理念。盖尔建筑事务所为我提供了一个平台，让我有机会在世界各地将平生所学的知识应用到不同项目当中，也让我有了编写这本书的机会。我要感谢盖尔建筑事务所的团队，尤其是内部编辑比吉特·斯娃若过去几年在本项目过程中为我提供的大力协助，感谢我的商业合作伙伴、盖尔建筑事务所首席执行官赫勒·斯霍尔特将本项目委派给我来完成。还要感谢许多其他人的大力支持。

　　本书的顺利出版离不开丹麦Realdania基金会的支持。Realdania基金会致力于通过建成环境开发，为所有人创造优质的生活体验。

　　本书认同Realdania基金会的设计理念，即在注重人性化维度的同时，考虑到密度、多样化和宜居性等方面的挑战。我希望本书能够为

---

* 人本特征：指构成人类生存要素的所有特征和关键事件，包括出生、成长、情感、渴望、冲突和死亡。——译者注

打造更好的社区略尽绵薄之力。

创作这本书是一个漫长而又痛苦的过程，因为我要决定有哪些观点值得分享，与此同时我也意识到自己在许多方面仍有所欠缺。虽然我从事专业实践、教学和研究工作已经有25年，但我每天依旧在学习新的知识，在人本特征领域我依旧是一个学生。

然而，作为一名城市规划师，我的人生中最有智慧的时刻或许是在我五六岁的时候。当时，我在客厅地板上摆满乐高积木。妈妈绝望地问我："你的这个小镇什么时候能搭完？"我一本正经地回答妈妈："这是个小镇啊，妈妈。它永远也不会完工的。"我认为这个回答非常正确。

大卫·西姆

哥本哈根，2019年

作为一名城市规划师，我的人生中最有智慧的时刻或许是在我五六岁的时候。当时，我在客厅地板上摆满乐高积木。妈妈绝望地问我："你的这个小镇什么时候能搭完？"我一本正经地回答妈妈："这是个小镇啊，妈妈。它永远也不会完工的。"我认为这个回答非常正确。

引言

从《交往与空间》到《柔性城市》

社会硬如磐石

融合成一个街区

人心硬如钢铁

令生活陷入休克

心头阴影笼罩

几乎停止跳动

直到有人开始建造

如人体般柔软的城市

　　——英格·克里斯滕森,《它》,1969[1]

　　全世界都对丹麦的"hygge"生活方式产生了兴趣。所谓"hygge"代表了一种日常归属感,即通过创造舒适、愉悦的环境来提高幸福指数。"hygge"体现了斯堪的纳维亚社会的柔性。这种温和的实用主义是北欧国家的一大特色。北欧城市关注市民的日常需求,并充分利用有限的资源,以此为基础提升人们的生活品质(各福利国家更深层次的价值观中也体现了这种态度)。这种实用主义基于人类感官的可能性和局限性,遵循自然法则,并顺应现实气候状况和季节更替。

　　"hygge"的词源与英文单词"hug"(拥抱)相同,代表了舒适的含义。瑞典语用"mys"表达同样的含义,挪威语为"kose"[类似于"cozy"(舒适)]。这三个词都可以转变为反身动词,所以在字面上您可以说"我们可以让自己舒适一点吗?"在气候寒冷、自然环境恶劣的斯堪的纳维亚地区,这个词生动地凸显出人们对于打造舒适环境的迫切需求,希望使艰难(hard)的现实生活变得更加温柔(soft)。生活中依旧琐事不断,并充满挑战。每个人都需要工作,需要经历严冬,要骑着自行车出行,要等公共汽车,要去托儿所接孩子并为他们准备晚餐,要刷碗,要倒垃圾。但只要城市给予市民一点点关怀,就能让他们的生活多一些体面,多一些舒适,甚至多一些乐趣。尽管人类世界正在经历快速城市化、日益加剧的社会隔离和气候挑战等诸多问题,但只要通过小小的举措和简单的低成本投资,就能使当今艰难的现实生活变得更加温柔。

　　面对巨大的社会挑战,现在谈论"hygge"这种生活方式似乎有些过于天真。但严酷的政治环境体现了人民内心深处对于变化的恐惧。人们恐惧快速城市化,担忧它会对人类的生活方式构成威胁。人们恐惧人口的持续膨胀和不断变化,并担忧随之而来的过度拥挤和交通拥堵、社会隔离和不平等现象

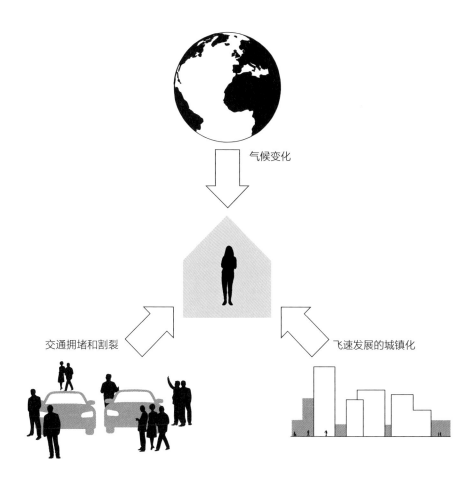

气候变化

交通拥堵和割裂

飞速发展的城镇化

全球变暖、交通拥堵和碎片化以及快速城市化是21世纪全世界面临的三大挑战。在许多人眼中，对地球、人和场所的任何改变，似乎都会威胁他们的生活方式。

等。人们还恐惧气候变化、陌生的气候模式和日益频繁的自然灾害。这些挑战直接触及人本特征的核心。面对恐惧，人类的常见反应是逃向相反的方向，否认变化，排斥差异，而不是勇敢地接受挑战和抓住新的契机。

世界各地的城市人口日益密集，而居高不下的住房成本迫使更多人生活在狭小的环境当中，因此平衡隐私和社交变得更困难。抑郁和孤独成了正常现象。由于人们长期生活在室内，坐在有人工照明和机械通风的建筑内，每次出行都乘坐汽车，导致健康状况不佳的情况普遍存在。这正是*柔性城市*要解决的挑战。拿出更多时间与他人一同去到户外，做做运动，体验"交往与空间"[2]，变得比以往更加重要。

将"柔性"与"城市"相结合或许听起来有些矛盾。笔者在与扬·盖尔图书的日语版译者Toshio Kitahara教授交流过程中，确定了使用*柔性城市*这个术语。Kitahara教授提到我经常使用这种表面上相互矛盾的词语。柔性城市就是拉近人与人之间的距离，并且能够就近满足人们生活各个方面的需求。数十年来，城市规划想方设法将人类活动组织得泾渭分明，通过隔离人和人类活动减少冲突的风险。但我希望通过整合日常生活中可能相互冲突的不同方面，提高市民的生活质量。

也许柔性城市可以被视为与"智慧"城市相对应的一个概念，或是对"智慧"城市的补充。我们的出发点并不是利用复杂的新技术解决快速城市化所带来的挑战，而是要寻找简单、小规模、低技术、低成本、以人为本、温和的解决方案，使城市生活变得更轻松、更有吸引力、更舒适。更柔性的城市也可以更有智慧。

本书介绍了城市形态和城市设计中哪些基本要素有助于建设更具有可持续性和韧性的社区，为居民创造更健康和更幸福的生活。本书主要分为四个部分，每一部分分别探讨了21世纪的城市生活面临的一项挑战。每部分均以一篇短文开始，分析了在城市环境中维持生活质量的关键理念。

第一部分"创建街区：全球城市化背景下的本地生活"探讨了如何应对城市化带来的挑战，包括如何在同一个场所内同时容纳高密度和多样性，尽量在本地满足生活的各种需求。第二部分"在拥堵和割裂的城市中出行和相处"讨论了城市居民日常出行中从踏出家门开始面临的物理和社会挑战。第三部分"在气候变化时代与天气相处"探讨了通过加强市民的室内生活和室外环境的联系，提高大众对自然力量的意识，使人们能够与大自然更加和睦相处。第四部分总结前文的分析，并形成了柔性城市的九大原则。

每一部分都从我们熟悉的环境（如家里和工作场所），循序渐进地拓展到我们较为陌生的领域（如整个社区、城市和全世界）。各章都有一条共同的主线，即在日常生活中如何容纳高密度和多样性，从而保证居民生活的舒适、便利、快乐和社区感。

本书借鉴了北欧以人为本的城市规划传统。1971年，扬·盖尔出版了《交往与空间》一书，他的妻子英格丽·盖尔同年出版了《住宅心理学》（Bom-iljø）。[3]这两本著作的出版成为城市规划领域的分水岭，代表了对于人类与建成环境的理解出现范式转变。扬·盖尔与英格丽·盖尔夫妇创建了一种跨学科的城市规划方式，即优先考虑人类的生活，又考虑建成形态。

与此同时，丹麦出现了一种新的城市规划形式，名为低层高密度建筑，平衡了居民的个人需求和集体需求。这种"第三条路线"将大型住宅中的工业化生产技术与独栋住宅中的类型学细节相结合。

早期的低层高密度项目大幅缩小了社区尺度，使社区的形态类似于村落，个人的住房清晰可见。住宅通过较为明显的小细节，比如前门和花园等，凸显出各自鲜明的特色。这类项目同样重视创建有明显标识的共享或公共区域，旨在促进邻里之间的社交。低层高密度项目既彰显个性，又能培养居民的社区感。

这种"同时兼顾"个人和公共的重要理念，体现了人性貌似相互矛盾的两个方面：对个性的需求和对社交的需求。本书中阐述的原则以低层高

与气候共处

出行

创建街区/本地生活

柔性城市提供了与地球、人和场所互动的机会。柔性城市邀请人类按照各自的节奏，与周围的环境互动，从通勤开始，逐步向外探索，进入社区乃至更广阔的世界。

密度运动的价值观为基础，并针对21世纪混合用途的高密度城市环境进行了更新。

在低层高密度运动兴起的同时，丹麦开始对街道和公共空间进行步行化改造，首先是哥本哈根著名的"斯特罗盖特（stroget）街道"。至少在一段时间内，这些步行街为市民提供了一种比郊区室内购物中心更可持续、更令人愉快的选择。为了应对1973—1974年的石油危机，丹麦城市率先将骑行作为一种交通出行方式大力推广。城市骑行基础设施提高了骑行的安全性，同时将骑行根植于城市环境中，成为日常生活中不可或缺的一部分。

20世纪70年代末以后，丹麦改变了全球现代主义城市规划者推动的大规模清理旧城区贫民窟的做法，而是采取了一种更加细致周全的、局部改造的方式。丹麦保留了周围街区的传统结构，对许多旧建筑进行了保护和翻新。

到了80年代，丹麦开始将生态解决方案纳入城市环境，如安装太阳能面板和建设社区花园等，为人们提供了接近大自然的机会，将生态环境与居民的日常生活关联在一起。

建设低层高密度住宅、提倡步行和骑行、对老街区进行微改造、整合生态因素等种种举措，为城市居民，尤其是有子女的家庭提供了更多社交机会，大大提高了城市生活的吸引力。承认和关注人性化维度为城市生活重新注入了活力，使哥本哈根成为全球最适宜居住的城市之一。[4]

笔者从未想过让全世界都变得如哥本哈根或斯堪的纳维亚一样。将一个地区的解决方案应用到其他地区时，需要进行大量转译。但北欧接受现实而不是逃避现实的做法，或许能够让城市生活变得更美好。我们可以学会赞美每一天而不是一味哀叹，我们要学会顺应天气变化，量入为出，与左邻右舍和睦相处。本书中列举了其他地区的例子，包括欧洲其他地区、日本、美国和澳大利亚等地，分享了这些城市如何利用较少的资源实现更大的目标。

城市环境包含了许多不同场所，每一个城市的气候和文化、人文和自然景观、政治和治理模式、融资机制和法律体系等，都有各自的特色。即使在同一个国家，不同城市、乡镇、乡村、城市中心和郊区之间也存在区别。尽管有这些区别，但笔者认为全世界所面临的状况、挑战和问题是类似的。一些共同的基本原则可以帮助解决许多问题。归根结底，全人类及其行为都有显著的相似之处，人们在日常生活中对于舒适和快乐的基本需求也是相通的。

事实上，目前城市化水平持续提高所带来的挑战，为打造更加美好的城镇创造了机会。城市在提高密度和多样性的过程中，可以有意识地集合不同功能的建筑，创造良性互动和交流的平台。我们可以创造不断变化的、温和的城市共生关系，探索建立更健康、更可持续、更令人愉快和更有意义的邻里关系的机会。

巴西库里蒂巴市前市长、建筑师杰米·勒纳有一句名言："城市不是问题，而是解决方案。"[5]

一些原则

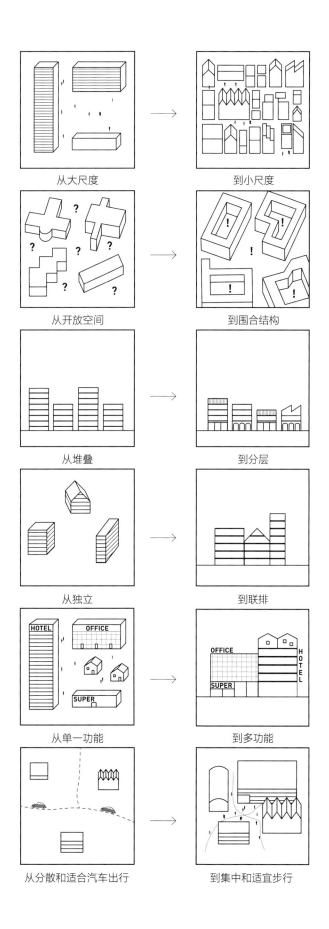

从大尺度 → 到小尺度

从开放空间 → 到围合结构

从堆叠 → 到分层

从独立 → 到联排

从单一功能 → 到多功能

从分散和适合汽车出行 → 到集中和适宜步行

作为邻居

01.

02.

03.

"社区不是一个场所；而是一种心态"

在讨论人类环境、城镇、城市设计或场所营造时，我们总是会提到*邻居*这个词。提到邻居，你会马上想到其他人。邻居不是一个模糊的城市规划概念或一种不明确的城市现象，而是一个与你一样活生生的人，但又有所不同。*邻居*不是一个技术术语或专业规划术语，而是一个人人都知道和理解的简单词汇。按照最简单的意思来解释，*邻居*是指住在你隔壁的人。而最广义的邻居可以指所有人类。

*社区*代表了一种邻里关系。人类环境最重要的是关系：人与地球之间的关系，人与场所之间的关系，以及人与人之间的关系。

在人与地球的关系中，我们将恶劣的场所和气候改造得适宜居住。与其他人共存让我们能够合作和协调，形成组织，进行交易、生产和学习等。人类可以培养、控制甚至利用这些不同的关系，这种能力让我们不仅能够生存，还能创造人类社会和文化，并且通常（但并非始终如此）能够过上更高品质的生活。成功的邻里关系能够给我们带来繁荣，延长寿命，让生活变得更加丰富多彩。

当然，作为邻居并不容易。人类各自有不同的观点、需求、价值观和行为等。集中居住的好处很容易变成问题，比如过剩导致浪费，能源变成污染，交通出行变拥堵，协作变成剥削，共存变成冲突等。

在全世界快速城市化的背景下，*邻居*这个词变得更加重要。全世界的城市不仅人口密度增加，也在变得日益多元化。正是这种多元化和差异化能够诞生更多机遇。要想充分利用人类社会提供的各项服务，最简单的方式是与人为邻。

本书的主题可以用一个简单的等式来表示：

$$密集 \times 多样 = 可达$$

社区感：
01. 墨西哥墨西哥城
02. 丹麦哥本哈根
03. 瑞典斯德哥尔摩

本书的观点是，高密度和多样性相结合将使有用的城市功能、场所和人更高概率地分布在距你更近的地方。

城市的吸引力来自互惠互利。城市提供的互惠系统，能够支持人与人的共生关系。高密度、多样化的城市环境的吸引力，至少源自三方面，它们分别是：地理邻近、公共资源和身份认同。

地理上邻近人和场所更方便雇主、员工、教师、零售商前往商店、学校和使用必要的服务。在城市环境中，通过公共空间、医院、图书馆、大学和公共交通等公共资源可实现地理上的邻近。所谓邻近是指更接近做出决策和发现的地方，更接近能增长新知识的地方，更接近时尚和流行趋势兴起以及文化诞生的地方。

邻近性使城市环境中的空间可以转换成时间，更便于市民在一天、一个上午甚至一个小时内完成多个任务。

我们知道随着密度提高，基础设施的人均成本会随之下降。此外，更多人口意味着更多客户，能够带来更多商业和文化活动的繁荣。理论上，城市规模越大，公共资源越多。正是这些公共资源弥补了城市中狭窄拥挤的居住环境的不足。

另外一个好处是在社区内共享相同的场所和资源所形成的身份认同。人们对其城市、场所和本地英雄人物、公共建筑、公园、步道以及本地的运动员和艺术家的自豪感中，都能体现出这种归属感。相比于国家、文化或民族身份认同，本地城市身份认同通常更强烈，并且与个人的关联性更高。城市的包容性塑造出一种最健康的集体身份认同。

高密度、多样化的城市环境带来的另外一种好处是可能诞生意想不到的机遇。城镇为自发的、偶然的、随机的邂逅和意外的会面提供了场所。人口结构的不断变化，能够带来令人愉快的不可预测性，随之带来各种可能性。这在城市生活中似乎并没有显著的意义，但实际上非常重要。

只要我们更好地理解了成为好邻居需要具备的条件，我们就能充分容纳高密度的人口、差异和变化。我们可以把它们作为有利的机会，而不是不幸的挑战。

我们应该认识到，建成环境的物理结构中的每一个细节，都有可能为人们带来舒适、便利和联系。在私人和公共需求之间达到微妙平衡，并将不同活动集中在同一场所，可以满足居民的各种生活需求，避免了过多出行。城市社区在物理环境中建立适当的关系，使居民能够就近满足自己的所有需求，可以为居民创造更美好的生活。

日常接触和经常邂逅能够增进人与人之间的关系。随着时间的推移，这种觉知和理解会演变成尊严，人们会开始关注地球、人和场所。思维方式的改变最终会带来行为的改变。

可以说，社区不仅是一个场所，也代表了一种心态。

日本东京Kisu洗衣店咖啡厅。项目位于一个安静的社区内，由一个空闲的底层空间别出心裁地改造成了一家咖啡厅和洗衣店，很快变成了备受欢迎的社区中心。

创建街区

全球城市化背景下的本地生活

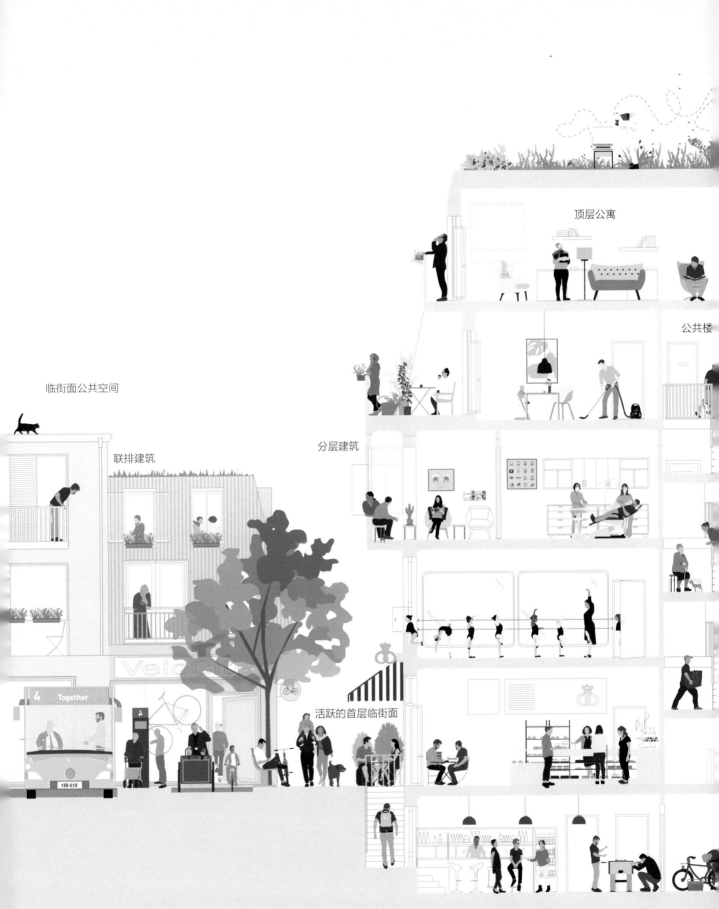

顶层公寓

公共楼

临街面公共空间

联排建筑

分层建筑

活跃的首层临街面

高密度开发有许多理由。随着城市化进程的快速推进和资源的日益稀缺，我们必须提高对现有基础设施的利用效率，更充分地利用现有资源，尤其是空间，使我们的设计能够发挥更大的作用。但仅仅提高密度并不能带来更美好的生活。因为简单地堆叠建筑只是使空间效率更高，而并未带来实际的好处。

真正高质量的城市源于在同一地点对（空间）密度与多元化建筑类型和用途的结合。笔者认为，如果一种城市结构体系可以让不同甚至相互冲突的用途和使用者彼此成为好邻居，那么他们不仅可以共存，并且可以享受这种协同所带来的便利。

充分利用屋顶

私密的背街面

围合结构

庭院

围合

　　围合形成的城市肌理，似乎与建成环境一样古老。从数千年前首个正式的人类居住区形成至今，有一种简单的建造模式被称为"城市"。这种城市肌理的特征是沿地块边缘而不是在地块中间建造建筑，并且将不同建筑并排在一起而形成联排。或许这种城市肌理最显著的特点是在建筑之间形成的不同户外空间。将建筑集中在一起会形成围合，且能够额外形成*可控的*户外空间，并不会产生额外成本。

　　建筑之间或街区内的围合保证了居民的隐私和安全，这是城市环境中必不可少的品质。此空间在物理和视觉上都受到了保护，意味着这些空间可以用于开展有效的活动，比如作为室内生活的延伸，或者作为开展其他活动的额外补充空间。这些受保护的空间很灵活，可用于临时或季节性使用，或者用于未来扩建。这些受保护空间还能隔绝噪声、异味和混乱，使周边的居民免于受到烦人活动的干扰。在这种情况下，这些受保护的户外空间可作为容忍区，对人和人之间的活动起着关键的缓冲作用。

　　将多个街区组合在一起能够形成没有任何额外成本的其他空间类型，例如街道和广场等。尽管这些空间通常并不是完全封闭的，但是非常重要。这些空间由街区边缘区域组成，彼此之间相互连通。一定程度的封闭能够确保这些空间不受天气影响，从而使在其中出行和消遣都更舒适。这种古老的城市建造模式可以创建两种截然不同的户外空间，一种是私密空间，另外一种是公共空间。系统的空间经济性支持不同类型的空间并存，如建成空间和未建成空间、私密空间和公共空间等。这些空间相互临近，仅以建筑分隔彼此。这种城市肌理使用最少的材料和空间开展不同活动，从而解决了城市设计最大的挑战，即如何用多元化的建筑类型和用途支撑高密度开发。

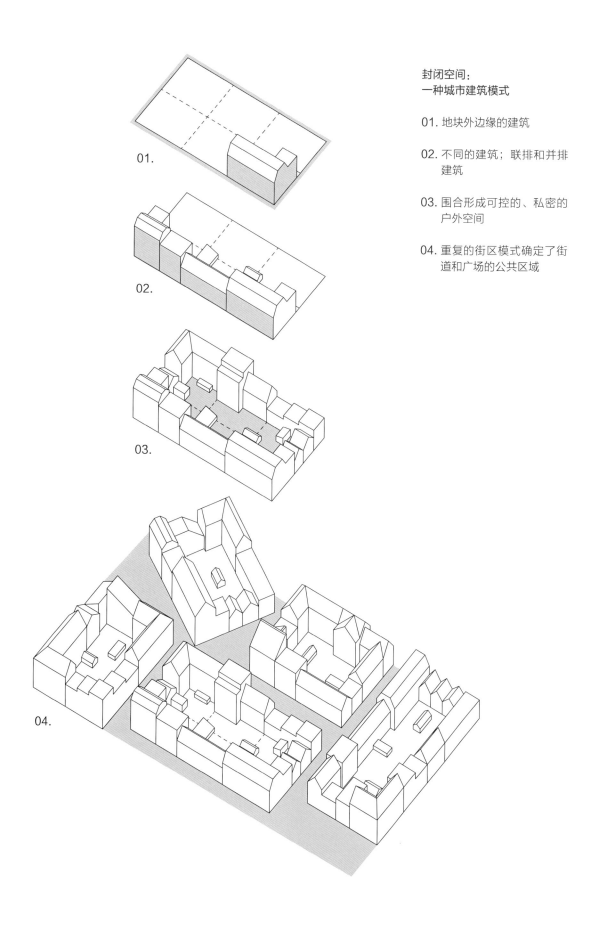

封闭空间：
一种城市建筑模式

01. 地块外边缘的建筑

02. 不同的建筑；联排和并排
建筑

03. 围合形成可控的、私密的
户外空间

04. 重复的街区模式确定了街
道和广场的公共区域

01.

02.

03.

04.

围合式建筑形态有许多变化，比如一栋建筑可能有一个封闭的大庭院，整个街区可能属于同一地产，或者有多栋建筑围绕多个被细分的外部空间。纵观城市居住区的历史，在不同的气候和文化下都会有封闭的城市街区形态，比如胡同、天井、霍夫（Hof）*、回廊等。由建筑形成的封闭的外部空间是城市环境中一种具有普遍用途和相关性的居住形态。关键在于由此形成的空间有清晰的界限，方便周围建筑的居民识别和控制。

这种围合形成的城市肌理的关键特征是能够用低层建筑容纳高密度开发。所有建筑分布在地块的外部边缘，围绕一个内部空闲区域形成一层建筑外壳（crust），尽量扩大建筑物的占地面积。这种极其高效的空间利用方式，让建筑在最大面积的土地上建造，因此可以降低建筑物的高度。与相同面积的大街区比，小街区有更多由建筑围成的边或外壳。因此，如果提供相同的建筑面积，小街区所需的建筑高度更低。

高度只有四五层的传统城市街区虽然外观低调，但它能发挥巨大的作用。如果能够发挥围合式街区的最大潜力，可以创造一种共生的城市系统，即在同一地点满足不同活动的需求。将高密度与多样化的建筑类型和用途相结合，建设人本尺度的紧凑型街区，能够形成高效并且极具吸引力的环境。围合式街区的临街面和背街面泾渭分明地形成了开放的、交通便利的公共空间和受到保护和控制的私密空间。这种简单的设计可以就近满足从高度公开到高度私密的各种需求。

围合式街区的空间结构为开展不同类型的活动提供了更多地点的选择，能够满足居民日常生活的不同需求。

丹麦德拉厄和瑞典马尔默的罗森格社区。
风景秀丽的丹麦德拉厄村（左图）因为其微气候而知名，虽然当地属于相对寒冷和多风的北方气候，但无花果树可以在当地的小花园里健康生长。令人难以理解的是，在这个由村舍和小路组成的乡村，人口密度与马尔默的罗森格社区（右图）的大型板式街区人口密度相同。

---

* Hof：德语词汇，指由建筑、围墙等围合成的院落。——译者注

不同建成形态实现相同的密度

相同的建筑密度可以通过不同建筑类型和截然不同的建筑间空间来实现。本文列举的四种建成形态有相同的密度。虽然每一种形态的总建筑面积均为22400平方米（约241000平方英尺），但是重要的是不同建成形态的有用性。值得注意的是比不明确的开放空间用途更大的封闭或受保护户外空间所占的比例，有助于创建有用的临街面的建筑边缘的比例，以及首层和顶层（或阁楼）的比例，因为这些区域的用途更丰富、更有吸引力，并且往往经济价值更高。

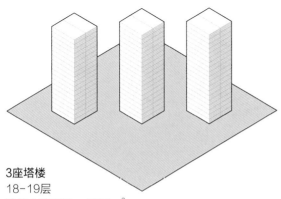

3座塔楼
18-19层
建筑占地面积：1200m²
首层：5%
顶层/"阁楼"：5%
步上式建筑（无电梯）：22%
街道边：240m

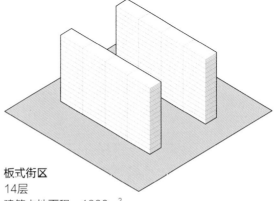

板式街区
14层
建筑占地面积：1600m²
首层：7%
阁楼：7%
步上式建筑（无电梯）：29%
街道边：360m

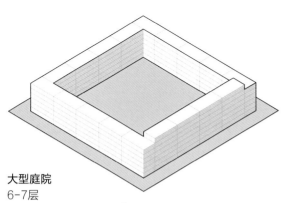

大型庭院
6-7层
建筑占地面积：3600m²
首层：16%
顶层/"阁楼"：16%
步上式建筑（无电梯）：67%
街道边：400m

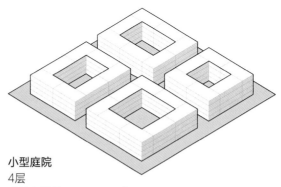

小型庭院
4层
建筑占地面积：5600m²
首层：25%
顶层/"阁楼"：25%
步上式建筑（无电梯）：100%
街道边：720m

临街面属于公共区域，首层为服务功能、商店和企业提供了一个理想的空间。背街面是私密空间，为儿童提供了一个安全的游乐场所，或者一个合理的储物空间。

建筑的墙壁隔绝了来自于街道和公共空间尤其是交通产生的噪声。在拥挤的都市中，宁静的环境是很宝贵的，而在围合结构中，睡觉时甚至可以打开朝向庭院的窗户。建筑围合还能阻挡空气污染物，意味着空间内流通的空气更干净，洗好的衣物可以挂在户外晾干。

虽然这种围合式街区的城市肌理比机动车的诞生更早，但它同样可以用来解决机动车出行造成的问题。应急服务、快递和在门前上下车等，都需要可通至建筑门口的道路。然而，机动车会带来噪声、尾气和潜在的交通事故。解决方案是用围合将车辆隔离在外，在内部形成无车空间。围合式街区一方面在建筑物临街面提供了便利的交通，在背街面又形成了安全、干净和安静的户外空间。

这种围合并非没有缺点。不难发现，围合式街区和庭院系统被破坏的情况并不鲜见，比如开放空间被建筑物蚕食，破坏了系统的有用性、舒适性和容忍度。有时候，庭院沦为了肮脏的储物设施存放地，户外卫生间，或者摆满了垃圾桶。然而，许多地方已经将庭院重新改造成了极具活力的共享资源，那里阳光明媚，绿树成荫，空气新鲜。[6]

围合式街区还会形成自己独特的气候模式。街区周边能够阻挡风进入内部空间，并且单个或多个庭院空间的尺度变化叠加上周边建筑物的高度变化，会增加或减少阳光直射情况。根据本地的气候环境，庭院可以成为避风向阳处或者遮阳的绿洲。围合能更好地控制微气候，提高微气候的一致性，使居民愿意花更多时间在户外开展更多活动。

01. 瑞典隆德。市中心一处有遮蔽功能的公共庭院花园，为家庭活动提供了有用的户外空间。

02. 瑞典马尔默。庭院形成了怡人的微气候，是居民的公共社交中心。

03. 德国弗莱堡。为本地的儿童提供了一个比私人花园更大的大型公共游乐庭院。

04. 墨西哥墨西哥城。天井是拉丁美洲国家常见的建成形态。此处作为一家博物馆的一部分，是更为正规的户外展览空间。

05. 德国柏林哈克庭院。这个高密度的庭院在一个高度灵活、交通便利的综合系统中，容纳了各种用途和使用者。

06. 瑞士伯恩布雷特雷。一条从街道通往绿树成荫、安静平和的内部庭院的有顶通道。

07. 丹麦哥本哈根8字住宅。对公共庭院的一种全新解释。

01.

02.

03.

04.

05.

06.

07.

01.

02.

03.

04.

05.

06.

01. **丹麦哥本哈根。** 在为数不多的大型住宅之间的公共空间，作为一个可控且中立的领地，为居民提供了一个偶遇和互动的场所。

03. **哥本哈根。** 建筑之间绿植繁茂，并摆放有公共设备和游乐设施，形成一种得到保护的微气候。

05. **哥本哈根。** 一处交通便利、安全的场所，空气更清洁，可以在户外晾晒衣物。

02. **哥本哈根。** 在一处交通便利的大型公共花园里，在这里可以找到许多玩伴，避开了危险的交通环境，并且安装有许多摄像头。

04. **哥本哈根。** 一处安全的空间，夜间可以把玩具（和其他个人财物）留在此处。

06. **德国蒂宾根。** 一处公共庭院为不同的人（不同建筑物和房屋使用权类型）提供了一个共同的社区中心。

更小尺度街区的可能：
英国伦敦唐尼布鲁克区

摄影：Morley von Sternberg

唐尼布鲁克区的社会福利住房项目是低层高密度住房的典型，它同时实现了低成本和高质量。项目规划了两条新街道，在内部形成了更小的街区。该项目将一条街道拓宽成广场之后形成了新的公共空间，并且新增便道改善了街区的可步行性，除此之外，这些小型街区还增加了街道边缘，因此只需要两三层高的建筑就能容纳必要的人口密度。低层建筑适用于个人住宅，每一栋建筑都有独立的前门和有围墙的庭院花园，建筑形式简单，并且经济适用。

在唐尼布鲁克区，以小型街区和个体建筑为基础，形成了一种密集但敏感的城市生活解决方案，证明在更高密度的街区中能够兼顾人本尺度和亲密感。

街道
地块
边缘

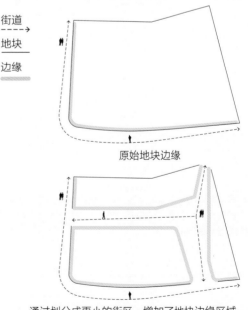

原始地块边缘

通过划分成更小的街区，增加了地块边缘区域。

多用途的庭院：
丹麦哥本哈根女王大街

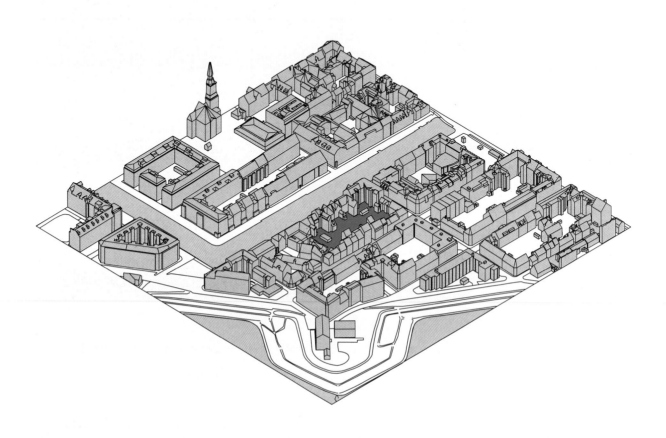

<table>
<tr><td colspan="2">建筑密度</td><td>功能混合</td></tr>
</table>

建筑密度		**功能混合**
总面积：	400m×400m/1300ft×1300ft	该项目作为克里斯蒂安港社区的一部分，
总建筑面积：	235600m²/2536000ft²	具有以下功能：
住宅总建筑面积：	150100m²/1615600ft²	
办公楼总建筑面积：	85500m²/92500ft²	−有不同所有权形式的住宅
毛容积率：	1.47	−学生公寓
建筑密度：	0.29	−餐厅和咖啡厅
		−社区设施
人口密度		−超市
		−小型商店
居民人数：	2998	−办公楼和机构
房屋套数：	1898	
每套住宅居民人数：	1.57	

哥本哈根克里斯蒂安港地区女王大街（Dronningensgade）沿线的传统街区始建于18世纪，充分展示了围合式街区的优势。在密度相对较高的街区内提供了高度多元化的空间和建筑。这个区域展现了由空间结构的简单变化所带来的效果，不只实现了建筑的多样化，还形成了丰富多彩的开放空间。

在最北侧靠近一处公共广场和邻近主干道的街区，有各种繁荣的非居住用途，还有不同类型的住宅，包括学生公寓。活跃的首层空间分布着小型商店、办公室和服务设施，有一家酒吧、一家酒窖餐厅和音乐演出场所，还有一家装有巨大前窗的幼儿园。有一家co-op超市已经扩建到邻近的建筑当中，将把包括一家前电影院和一家银行在内的空间改造成了一处重要的本地购物中心。庭院中有一家幼童托儿所，还有服务学生公寓的公共洗衣房。

整个街区有机进化成了一种可靠的城市形态。该街区内的建筑风格五花八门，既有传统本地建

筑和古典建筑，也有20世纪30年代的功能主义建筑和70年代的现代建筑，从中可以看出这个街区所经历的许多变化。南部的社区（如第26页插图中的绿色所示）甚至更有趣，因为该社区建筑间的空间在一次城市改造项目中被部分重新开发成更高质量的户外空间。

建筑风格、年代和类型的变化，让街道极具特色。这里有规模更大的公寓楼建筑，还有较小的联排住宅、年代更久远的建筑和最近的回填项目。每一栋建筑形态各异，为街道带来了独特的社区认同感。

连接户外绿地

这个传统的哥本哈根街区由多栋临街建筑组成，每一栋建筑都有独立的后院。

历史上，这些庭院内盖满了小的附属建筑，如厕所、洗衣房、储物间、工作室等，并没有绿地

01.

02.

03.

和花园。在对该街区的城市改造项目中，这些庭院被拆除了围墙和大部分附属建筑，并新建了软景观*。这是早期哥本哈根为改善贫民区生活所开展的庭院绿化项目的典型。该项目同样也是哥本哈根升级改造现有建筑存量的关键。

与其他城市街区一样，建筑物的临街面和背街面形成了两个世界：外面朝向街道的是公共生活，里面朝向庭院的是私人生活。每一栋建筑都有朝向街道的窗户和前门或入口通道。这会给居住者产生一种室内生活与街道关联和人们在频繁地进进出出的感觉。

庭院入口

该街区有多个通往内部的入口，包括私家后门或共享楼梯入口以及建筑之间的封闭通道等。通常情况下，公共庭院不会上锁，公众也可以进入。

但这种清晰的空间秩序体现出一种社交参与感，任何访客都应该尊重这种秩序。

户外空间层次分明

城市改造项目为首层公寓的内部庭院增加了完全私密的小型空间。在内部庭院中还有另外两个层次分明的户外空间。一个是邻近建筑的旧的个人庭院，这些庭院被部分保留了下来，并种植了更多的绿植。另外一个空间是位于中间的大型公共绿地。每一层户外空间都适合不同类型的活动和行为。

公共绿地足以容纳集体活动，比如社交聚会和比赛，或者摆放公共设备（如烧烤架和沙池）和家具等。这个空间作为一个中立或公共的场所，为该街区的居民提供了一个聚集的区域。由于该空间属于私密的公共空间，因此它代表了所有业主的共同利益。

---

* soft landscaping：软景观是一个术语，用来描述使用自然材料和其他景观元素的过程，但并不包括施工过程。可以包括草坪、树木、树篱、灌木等元素。——译者注

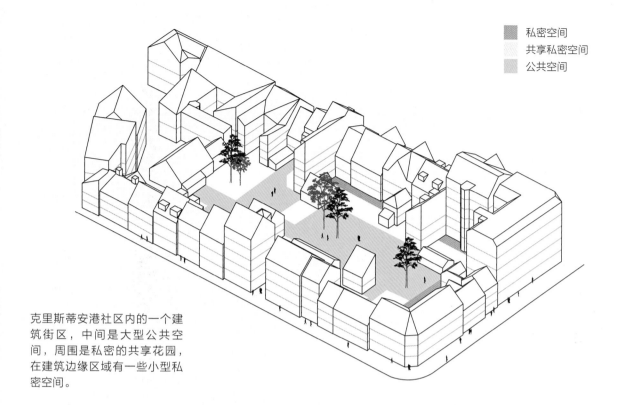

克里斯蒂安港社区内的一个建筑街区，中间是大型公共空间，周围是私密的共享花园，在建筑边缘区域有一些小型私密空间。

居民住宅的前门朝向不同的街道，所以他们可能并不认识自己的邻居，而这个内部空间为居民们提供了结识近邻的机会。一个非常体贴的小细节是公共卫生间。这对集体活动或者在户外玩耍的儿童非常有用，因为其避免了往返的麻烦。卫生间的清洁程度体现了居民的集体责任感。

旧的个人庭院也属于公共空间，由一小部分居民共享。这些空间比中央的公共绿地更能使居民形成强烈的身份认同感。在这些共享庭院内可以放置玩具、自行车或者手推车等。这些空间可以用于开展户外活动，居民晚上可以把材料和工具留在户外。居民还可以在这些空间内摆放一些共享户外设施，用于招待访客。

完全私密的花园、露台或阳台，能够帮助首层的居民缓冲庭院活动的影响。这些空间直接与房间相连，对居民也很有用，居民可以在这些空间中休憩、晾晒衣物和存放物品。这些户外空间使首层公寓变得更有吸引力。同时，升高的露台或阳台增加了隐私感。

除了这三种不同外部空间以外，包括自行车棚和储物间等在内的附属建筑（原有建筑和新增建筑），增加了庭院的空间复杂性。这些附属建筑除了具有实际用途以外，还从视觉上将庭院分割成了更小的空间，形成额外的居住区的边缘地带，为空间带来了一定程度的亲密感。同时，这些附属建筑确保我们不会一次把所有景物收入眼底，从而形成了一种连续的探索感。

尤其对于婴幼儿，这种复杂的庭院空间有各种不同的地形，为他们提供了丰富的游乐机会，而不需要到社区边界以外或跨越有车辆通行的街道。

01. 不同房屋，每一栋都有各自的小型后花园。

02. 街区中央的公共游乐空间。

03. 公共后院。

在同一个场所提供各种空间体验

01.

01.

02.

02.

03.

03.

04.

04.

01. 私密的户外空间直接连接室内居住空间。
02. 一栋建筑的共享庭院可以从建筑和街区中央的公共绿地进入。

03. 街区中央的大型公共空间对所有人开放。
04. 建筑临街面直接连接到街道上的公共区域。

丹麦哥本哈根市的绿色庭院项目

哥本哈根市的许多庭院修建于19世纪，最初庭院里充满各种附属建筑，如户外卫生间、小型工业作坊和储物设施等。大部分地面是铺砌路面，只有很少甚至没有任何绿植。1992年，哥本哈根市启动了绿色庭院项目，目的是为居民提供在后院户外休闲的绿地。

公共庭院周围建筑的居民，无论居民享有哪种类型的房屋使用权，都被要求成立一个协会，这个协会负责向市政府申请庭院改造资金。改造完成之后，协会还要负责庭院的维护工作。庭院改造增加了庭院的用途，促进居民之间的互动。这种全市范围的倡议对于鼓励有孩子的家庭在城市生活起到了至关重要的作用。最近，该项目中还增加了雨水管理元素。

01.

01. 哥本哈根Hedebygade街区改造后的庭院，有各种不同的绿化。

02./03. 哥本哈根Nøjsomhedsvej庭院改造前后对比。重新设计后的效果展示了庭院在较为狭窄的情况下，通过清除住宅之间的栅栏，修建通往首层的直接通道，重置垃圾桶的摆放位置，增加绿化和更有吸引力的设计等措施，给街区带来的巨大变化。图片：哥本哈根市

02.

03.

多用途的围合：
吉姆小屋，瑞典马尔默Västergatan

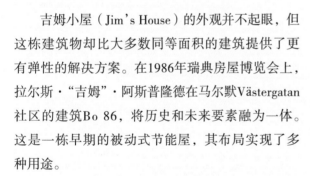

01. 摄影: Lars Asklund

02. 摄影: Lars Asklund

吉姆小屋（Jim's House）的外观并不起眼，但这栋建筑物却比大多数同等面积的建筑提供了更有弹性的解决方案。在1986年瑞典房屋博览会上，拉尔斯·"吉姆"·阿斯普隆德在马尔默Västergatan社区的建筑Bo 86，将历史和未来要素融为一体。这是一栋早期的被动式节能屋，其布局实现了多种用途。

在吉姆小屋中的许多常识性的建筑解决方案都借鉴了传统设计理念：宽阔的入口通道；L形主楼，侧翼延伸到背街面；朝内的L形庭院建筑；以及向内倾斜的屋顶，使阳光能够照射进有遮蔽的户外空间。该项目有两处庭院，一处靠近街道的

外部庭院，铺装了硬质地面，一处私密的内部庭院，增加了柔性景观设计。吉姆小屋的首层有临街的底商。额外的侧翼建筑容纳了不同面积的公寓，形成了一种隐性的社会经济组合。公寓与办公空间达到了良好的平衡。

阿斯普隆德（Asklund）设计的外部空间与建筑发挥了同样重要的功能，缓冲了相邻建筑的集中用途，同时在高密度的城市环境中提供了必不可少的生活空间。两栋L形建筑物通过边缘区域界定了外部空间的范围，使这些空间发挥了重要的意义，而不是作为多余空间。庭院中间的亭子将硬庭院和软庭院*隔开。

---

* 硬庭院和软庭院：hard and soft courtyards。硬庭院指主要由硬质结构元素，如天井、小径、硬铺装和棚子等组成的庭院；软庭院指由自然材料和其他景观元素，如草坪、树木、树篱、灌木等组成的庭院。——译者注

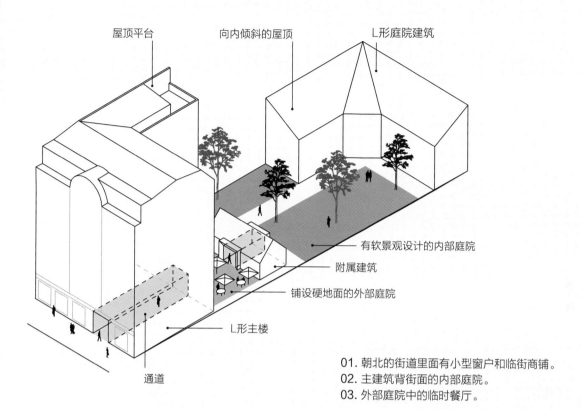

屋顶平台

向内倾斜的屋顶

L形庭院建筑

有软景观设计的内部庭院

附属建筑

铺设硬地面的外部庭院

L形主楼

通道

01. 朝北的街道里面有小型窗户和临街商铺。
02. 主建筑背街面的内部庭院。
03. 外部庭院中的临时餐厅。

私密的内部庭院得到保护，形成了额外的生活空间。朝北的街道里面安装了小型窗户，带有鲜艳的窗棂，既改善了隔热效果，又帮助维护了一定的私密性。

这种双庭院系统形成了两个独特的外部空间，每一个空间都可以有不同的用途，且由一定程度的灵活性。例如，夏季，铺设硬路面的庭院为首层餐厅提供了一处怡人的户外用餐区。餐厅的顾客可以进入这个私密区域，沐浴着阳光享用美食，享受清新的空气和安静的环境。这期间，即使每天只有几个小时，朝北的餐厅也会生意兴隆。中间的亭子作为另一个庭院的缓冲。用餐的顾客可以欣赏内部庭院的景色，但内部庭院的设计清楚地表明这是一处私密空间。这种双庭院系统非常实用，铺设硬地面的庭院用于服务功能，如摆放垃圾桶、自行车、餐厅的餐桌等，而绿树成荫、

安静平和的内部庭院花园，则为街区的本地居民带来乐趣。项目完工后，有评论家称过去的后现代主义的街道立面消失了。

吉姆小屋是灵活、宜居、环保、可持续、混合用途建筑的典范。它充分展现了建筑物的外表和实际功能的区别。

03.

联排

对同一街区内的不同地块可以单独进行开发和管理。这种做法提高了建筑设计、类型、施工方法、交付、房屋使用权、用途和关键的未来开发的灵活性。将土地细分成小地块，可以由多个开发商按照不同建筑师的设计进行施工。地块和建筑物可以设计成不同的尺度。但每个地块必须有一条边临街，作为建筑的入口。在设计中需要考虑到几何学方面的一些常识，因为地块的形状越不规则，开发该地块的效率就越低。

每个地块都可以独立于邻近的地块存在，但必须设有防火墙和独立通道，以确保整个街区的完整性。

建筑必须通过防火墙相互连接：在任何一侧修建一堵没有窗户的空白墙壁。这种基本结构可以实现建筑物的并排排列。另外，这种结构还能避免因为建筑物之间留出的空隙而造成的空间浪费，从而节省了大量空间。临街建筑的延伸结构或翼楼或任何附属建筑，也应该在与地块边缘接触的位置建有防火墙。由于防火墙的存在，相邻地块可进行独立开发。

两栋建筑相连形成的双层墙壁，可以帮助建筑隔热，减少噪声和震动。此外，使用防火墙可减少施工和维护成本，因为相比于独立建筑，建筑相连时暴露在外的墙面更少。

每一个地块应该至少有一个独立出入口与街道相连，从街道穿过建筑可连接到内部庭院空间。这意味着每一地块及其上方的建筑，可以独立于同一个街区内的其他地块，单独发挥功能。

当然也有例外。在老城区，建筑中间有非预期的空隙，并且在侧墙上安装了造型怪异的窗户，建筑的出入口也是临时性的。但总体而言，防火墙和独立通道可以保证未来每一个地块的独立性。在围合式街区内每一个要素的独立性，不只是物理形态或设计的问题。在建筑物建成之后，在其漫长的使用寿命当中，建筑物的业主或管理机构可以按照自己的方式进行物业运营、维护和商业化。有些建筑可能被严格限制用于单一用途，有些建筑则被用于高度混合的用途。有些建筑物可能允许转租，但有些却禁止转租。

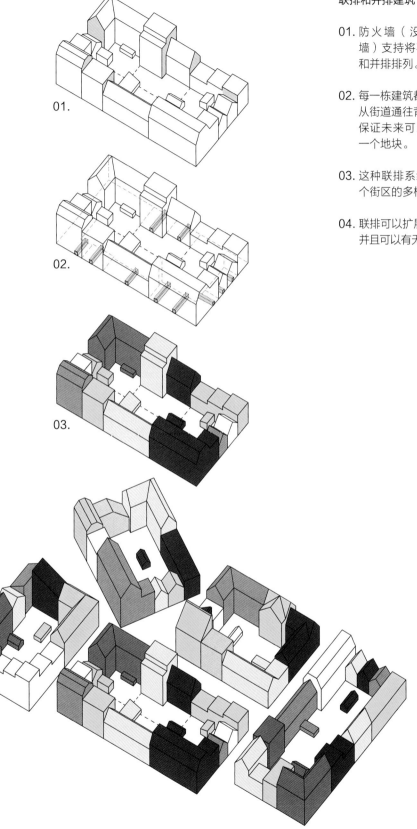

联排和并排建筑

01. 防火墙（没有窗户的侧墙）支持将不同建筑联结和并排排列。

02. 每一栋建筑都有独立通道，从街道通往背街面的庭院，保证未来可以独立开发每一个地块。

03. 这种联排系统丰富了每一个街区的多样性。

04. 联排可以扩展到整个社区，并且可以有无数种变化。

01.

02.

03.

04.

01.

02.

03.

04.

01. 爱尔兰都柏林坦普尔酒吧区。同一条街道上并排排列着不同时期的建筑物。

02. 瑞士伯尔尼。在联排模式中，不同用途的新旧建筑并排排列。

03./04. 德国柏林。新旧建筑并排排列，提供不同用途，容纳不同用户，并且建筑风格不一。

05.-08. 丹麦哥本哈根和澳大利亚墨尔本。在高密度城市环境中容纳超小型街区的示例。小型街区的规模大幅缩小，有趣的是这种街区变成了吸引人类活动的焦点。

05.

06.

07.

08.

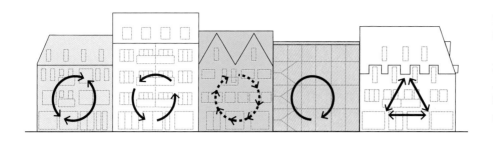

随着事件发展，每栋建筑的独立性允许对建筑的不同楼层进行用途改变、重复使用和翻新。这意味着从长远来看，即使社会和经济变得更加多样性，这些建筑也可以兼容。

有些建筑可以改变用途，例如从住宅改为办公楼等。有些建筑的运营以追求利润最大化为目的，有些建筑完全不以盈利为目的。

重要的是，不仅建筑类型各有不同，它们还能就近容纳不同用途和类型的住户。混合新旧建筑，有助于提高简·雅各布斯所说的社会经济多样性。[7]

用途和用户的多样性，可以增强居民的社区感，提升社区的安全性。住宅、办公室、商业和服务等各种用途的混合，能够确保街区内始终有旺盛的人气。不同类型的居民和用户每天在家和起床的时间各不相同，这对于预防犯罪尤其重要。

这种模式的另外一种好处是可以容纳小型建筑。街区内包含小型建筑能够明显改变场所感，在高密度的环境中考虑人本尺度，为各种活动创造空间，为社区带来活力。

日本东京神乐坂街（Kagu-razaka-dori）。临街的狭窄地块极具特色，对不同时期的不同建筑并行排列。丰富多彩的街道活动体现了当地所有权结构的多样化。这种多样化满足了所有人的需求，使这条街道成为社区的主干道。拼图：Sotaro Miyatake

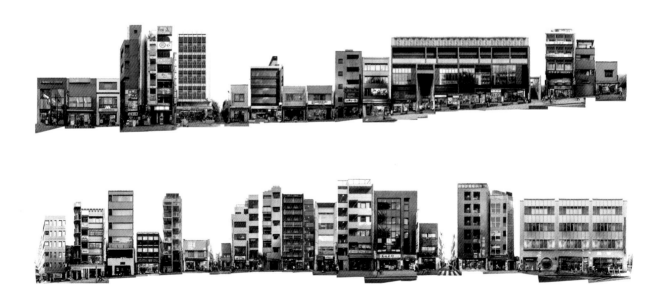

新开发项目中的联排和功能：德国柏林
Caroline von Humboltsweg/Oberwallstrasse

作为三个重建的城市街区之一，该街区主要由前窄后宽的联排别墅和多个公寓街区组成，证明了土地细分的潜在优势。

卡斯滕·波尔松形容这里是一座"现代化的中世纪古城"，这里的每一栋建筑都是相互独立的。有些建筑属于混合用途，即在首层开设了商店和办公室，高层为住宅；有些建筑属于纯住宅建筑。所有建筑都有临街的正门，后方则是小型私密花园。[8] 另外，值得注意的是，低楼层有更大的楼面纵深，证明了这些楼层有更大的价值和潜力。该街区综合了极具吸引力的私人空间和高度个性化的生活和工作空间，形成了更有活力的公共空间和更有趣的步行体验，并展示了各种现代建筑。

在同一个场所内实现多样性：德国弗莱堡瓦邦社区（Vauban, Freiburg）

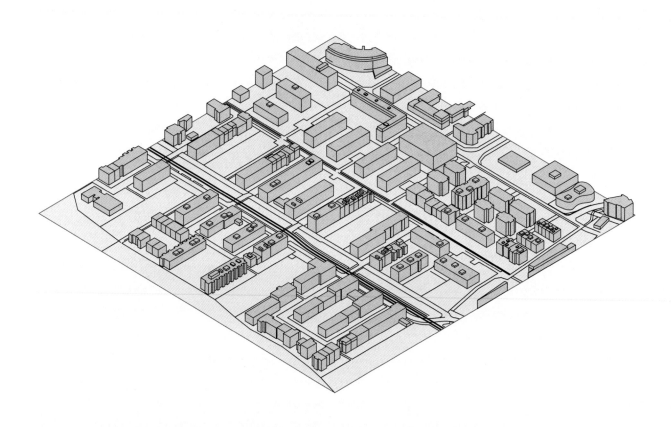

建筑密度		所有权类型	
总面积：	400m×400m	私有：	9%
总建筑面积：	129400m²	Baugruppen合作自建房团体：	57%
住宅总建筑面积：	34900m²	合作型开发商：	10%
毛容积率：	0.8	私人开发商：	26%
建筑密度：	0.22		

地面出入口		
有首层出入口的建筑面积：	27%	
在首层步行距离以内的建筑面积		
（4层或4层以下）：	80%	

早在2002年，对450套住房的研究证明了居民类型多样化的成功：60%的业主和40%的租户；25%的工人，55%的管理层，20%的专业人士和自雇人士；10%的单亲家庭，25%无子女的夫妇，65%有子女的家庭；75%从弗莱堡搬入，25%从其他地区搬入。

德国弗莱堡市以积极投资创新公共空间、太阳能发电和骑行基础设施而知名。但该市最知名的是其"Baugemeinschaft"合作自建房项目。里瑟菲尔德和瓦邦社区的新开发项目，在新社区中设计高品质住房，并营造了充满活力的场所，给居民带来一种独特的城市感受。

首先开发的是里瑟菲尔德社区（Reiselfeld）。弗莱堡市为该社区制定了一份表面上中规中矩的整体规划，围绕受保护的庭院布置了联排别墅和公寓楼，建筑临街面和背街面的界线清晰，并且坚持人本尺度的设计原则。规划的目标是希望"儿童能够在绿地里玩耍，父母在不远处陪伴"。瓦邦社区很快也开始规划。瓦邦社区是弗莱堡近郊的一座旧法国军事基地。弗莱堡市制定的这份规划得到了绿党的支持，本地有多个民间组织参与了规划过程。

瓦邦社区的规划是分地块开发，由合作自建房团体和部分私人开发商提供指导，以确保潜在购房人的多样化。

与里瑟菲尔德的情况类似，瓦邦社区的地块面积较小，鼓励开发小型项目。同一地块可能会邀请多方投标，但最高投标价并不是决定性因素。作为管理方，弗莱堡市给予合作自建房团体相对于传统开发商更高的优先权，但前提是合作自建房团体的设计在经济适用性、居民多样性、可再生材料的应用和节能方面表现更好。

弗莱堡市强烈希望保证新社区在经济和社会方面的多样性，体现旧城区的稳定和活力。弗莱堡市本着"给所有人一个机会"的准则，考虑每位购房人的"街区画像"，充分评价年龄、职业、婚姻状况、子女数量、先前住址、当前工作场所位置和居民类型（业主或租户）的多样化。

该社区从最初就形成了强烈的场所感。新规划几乎保留了所有大型树木以及大部分现有建筑，并且这些建筑内的居住者获得了正式的房屋使用权。

01.

02.

03.

04.

原先的兵营被改造成了学生宿舍和福利住房，寻求庇护者的救助中心，以及包含办公室、会议室和咖啡厅/餐厅的社区中心。

该社区的规划以瓦邦大街为中心展开。瓦邦大街是一条东西向的运行一条有轨电车的绿色大道。中间宽阔的绿地能够阻挡有轨电车的噪声，并包括一个植草沟。瓦邦大街与麦茨楼街成直角交叉，是一条通往弗莱堡市中心的主干道。在两条街道的交汇处，自然而然地形成了居民活动中心。此处有学校和许多商户，还有一家酒店，能够吸引游客进入社区。

在瓦邦大街上有许多非居住类活动，包括一栋公寓大楼首层的幼儿园、商店、咖啡厅、办公室和美容沙龙等。在瓦邦大街两侧分别有U形社区大街，街道上几乎是没有地面停车的无车区。所有建筑均为3-5层的"无电梯楼房"（净密度为95套/ha），包括了公寓大楼和联排别墅，许多建筑有混合用途。

虽然该街区并非完全封闭，但它具备明确的围合格局，有清晰的临街面和背街面，所有建筑都有公共的临街面和更私密的、面向花园的背街面。

防火墙和独立入口这种简单的设计，形成一条由联排组成的街道。所有建筑形态各异，有独特的外观和建筑风格，颜色、建筑材料和装饰细节各具特色，建筑的规模、标准和公寓布局也各有不同。建筑类型的多样性能够吸引不同品味的居民和不同的生活方式。

这种多样性形成了丰富的视觉效果，并鼓励公共生活，有助于居民适应社区的环境，并使步行变得更有意义。这种多样性还形成了居民的身份认同感和自豪感，不仅因为个人住宅，还因为这是一个独特的、容易识别的社区。

不同建筑对活跃的首层空间的解释不同。该街区有多个入口通往街道、临街面花园、边缘区域、店铺橱窗、小型商店、外部楼梯和同样通往街道的

05.

通道长廊等。

该街区的规划提供了各种户外空间，包括直接连接到首层空间的私密花园，宽敞的阳台、露台、凉廊、台阶和屋顶花园等。花园供较近的邻居共享，公共户外空间则供整个社区共享。街区中有大型公共空间，如社区建筑外的广场和有一条小溪流经的南部森林。

街道是休闲和会面的重要公共空间。瓦邦社区虽然不是无车社区，但鼓励无车生活。社区内配备了完善的公共交通和骑行基础设施。街区边缘有一栋多层停车场，供居民停车。

瓦邦社区融合了弗莱堡市雄心勃勃的规划和热心市民*。该项目以人性化尺度成功地提高了人口密度和多样性，且建筑均朝向公共区域。中等规模的街区为居民提供了更多社交机会。

瓦邦社区计划通过有意识地对每栋建筑创建比较小的分形，从而创建紧密的住宅组群，形成强烈的身份认同感，并培养居民的社区意识。它为依赖汽车出行的郊区生活提供了一种具有活力、可持续的和有吸引力的替代选择。

01. 活跃的首层空间，面包房成为社区的活动中心。

02. 绿色主干道。轨道位于草地内，草地可以吸收有轨电车的噪声。右侧是雨水积蓄浅沟。

03. 联排建筑。不同类型、维度和风格。

04. 路旁街道作为公共空间，街道末端是连续的人行道。

05. 不同建筑体现了个人的需求，而公共户外空间代表了社区的需求。

---

* 热心市民：local activism。指为推动瓦邦社区规划建设而投入时间精力的市民。——译者注

Baugruppen/Baugemeinschaft*模式

富有远见的德国城市规划者预测，下一代年轻人将无力承担由开发商开发的房屋的高房价。过去15年，弗莱堡、蒂宾根、汉堡和柏林等德国城市开发的合作建房项目名为"Baugemeinschaft"或"Baugruppen"。这种开发模式允许未来业主作为地产开发商。个人按地块开发建筑，有利于提供多样化、高品质和更经济适用的建筑存量。Baugemeinschaft合作自建房模式既满足了居民个人的私密需求，也满足了他们的公共和社交需求。

城市建筑很少会考虑活跃的人口增长型家庭的需求。通常情况下，要想设计一条能够满足具体需求的住房，唯一的方法是在市郊找个地方建一栋独立住宅。在城市中自行设计住宅，通常只是富人的选择。新公寓虽然提供了一些选择，但仅限于浴室瓷砖和橱柜等物品。这种能够影响城市住宅的设计，包括尺度、布局、供暖系统和隔热系统等的创意，是非常有趣的。

合作自建房项目所在的场地通常由地方当局整体规划，并细分成了多个地块，然后按照固定市价对外出售。地方当局会向意向买方发布一份地块简介，包括高度限制、容许建筑密度、办公空间等非住宅功能、住宅类型、房屋使用权类型组合以及隔热材料、可再生材料和环境性能的标准等。一般而言，个人比市场导向的开发商更愿意对住宅进行创新。

Baugemeinschaft合作自建房的模式提供了一种与传统投机开发截然不同的投资模式。抵押贷款机构承担的风险更低，因为购房人的身份从项目开始之初就已经明确。他们有真实的姓名和地址，能够提供财务担保。即使有一两个人退出或有人失业，也不会导致项目失败。

位于德国蒂宾根（Tübingen）的合作自建公寓楼。

这种定制解决方案的成本比传统的标准化住房低40%，因为开发者不会从中牟利。[9]合作自建房团体作为开发者可以节约成本，而且所有住房从最初就已经售出，所以不存在营销成本。未来居民通常会采用品质更高的材料和设备，以及更好的技术解决方案，从而可以减少维护和运营成本。投机性开发商只关注短期利益，因此不太可能做出这种选择。

项目从最开始就体现了社区精神。合作自建房团体的成员实际上从最初就已经选好了邻居。在规划和施工过程中，他们会彼此熟识，并且如果他们发现相互之间可能不和，可以选择退出项目。等到项目完工时，邻里之间已经相互熟悉，并且可以开始日常相处。合作自建房模式建设的房屋能够更好地满足居民的需求和抱负。居民更有可能爱护建筑，并产生归属感。这是一个稳定社区的基础。居民对项目的长期投入，使他们更有可能投资周围的社区。目前，欧洲许多国家以及澳大利亚等正在试行这种模式。

---

* Baugruppen/ Baugemeinschaft模式：德语专用词，解释为集资建房团体/合作自建房团体，是希望创造共同生活空间的人的合作。作为一般规则，Baugemeinschaft建立一个联合资源委员会并制定应遵守的社区公民法则（GbR）。或者一些业主协会以合作社的形式组织起来，比如建造出租公寓。但是合作社成本高于联合资源委员会。——译者注

人类社会中包含了不同的人，他们有不同的需求、不同的生活方式和不同的梦想。

市政当局提出地块规划，允许多个项目单独开发。

合作自建房。每个团体相互合作，确定项目的设计和时间表。

建筑针对使用者的需求量身打造，最终形成一道五彩缤纷的、居民有强烈身份认同感的城市景观。

分层

分层与叠层之间有重要的区别。分层将不同功能和建筑用途类型依次叠加，充分利用不同空间之间的区别。而叠层则是将相同功能和建筑用途类型堆放在一起。理想情况下，城市建筑在水平方向应该有清晰的层次感，从临街首层到屋顶随着每一层出入口和光照状况的变化表现出不同的特征。（功能）分层建筑突出了这种区别。

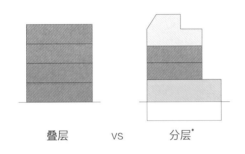

叠层   VS   分层*

在分层建筑中，你可以步行进入首层，不需要爬楼梯。通常情况下，从街道上能直接看到首层窗户内的情景，这可能是优点也可能成为缺点，主要取决于其用途。与上方楼层不同，首层可以随时扩建，扩大面积。

二层具备临近首层的便利，同时保证了隐私和安全感，因此历史上二层一直被称为"贵族楼层"。上方楼层在通行、与首层的关系和日照等方面，与首层有细微的差距。

顶层、阁楼或顶楼从上方和侧边采光。通常情况下，居住区的平面布局截然不同，因为居住区的墙壁不一定是承重墙。

在围合式街区中，也有一种垂直分层建筑。临街面临街的房间与朝向庭院的房间不同；庭院建筑与临街建筑不同；附属建筑与主建筑不同；庭院与公共街道有明显区别。

01. 法国里尔。一栋层次分明的多功能城市建筑，首层为商店，中间为办公空间，顶层为公寓住宅。

02. 德国蒂宾根。一栋公寓建筑充分利用首层和后方的延伸结构，在屋顶有宽敞的露台花园。顶层公寓的平面布局与下方楼层截然不同。

---

*叠层：Stacking。建筑从功能和空间上，无秩序、无规律和无层次的堆积。分层：Layering。建筑从功能和空间上，有秩序、有规律和有层次的叠加。——译者注

01.

02.

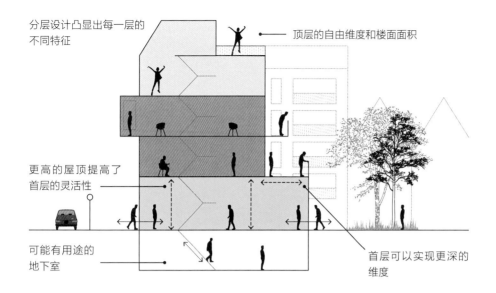

分层设计凸显出每一层的不同特征

顶层的自由维度和楼面面积

更高的屋顶提高了首层的灵活性

可能有用途的地下室

首层可以实现更深的维度

　　这两个平面中的分层设计形成了复杂的室内和户外空间系统。空间系统越复杂，其质量变化越大，就越有可能发生各种活动和行为。这种复杂系统中包含了多个关键因素，包括出入通道安排、暴露程度（公共与私密）、自然光和通风程度、尺度和数量、房间形状和平面布局等。

　　由于首层和顶层的独特性只在独立建筑中才会体现，因此它们比其他建筑部分有更多用途和更高的灵活性。这两个楼层可以容纳更多样化的用途和用户。

　　封闭的中层建筑比高层建筑更有可能从分层建筑中受益，因为这种建筑的首层和顶层所占比例更高，可能占总建筑面积的一半。这意味着建筑有一半空间具有独立建筑所具有的特征。这在高密度的城市环境中尤其重要。

01. 丹麦哥本哈根。所谓的Amager Sandwich有三个层次，首层是超市，中间层是体育设施，顶层是公寓。

02. 瑞典马尔默。O'Boy自行车酒店的分层住宅。首层客房直接朝向街道，增加了街道上的人流和活力。上方楼层有不同类型的公寓。

01.

02.

靠近公共交通的分层建筑：
澳大利亚墨尔本南丁格尔1号项目

南丁格尔1号（Nightingale 1）是澳大利亚的一处旗舰项目，是一栋类似于合作自建房的住宅，未来居民在项目开发过程中发挥了积极作用。该项目紧邻一座火车站，包含有轨电车与公交车线路服务。交通便利，经济适用是该项目的关键，且项目目的是致力于实现环境、社会和经济可持续性。南丁格尔1号（Nightingale 1）项目的开发过程引起了各方面的关注，但这栋21世纪公寓楼的分层设计同样值得关注。

首层有一座咖啡厅、一家建筑设计工作室和一处办公空间。白天，这些用途为街道赋予了活力，形成一种让人感到舒适的微型社区。在首层还有一处直接步入式的自行车停放处，这种功能通常设置在不怎么方便的位置。这也是南丁格尔1号项目的一个重要特征，因为当地并没有汽车停车场。在项目临街面，通过绿植和座椅让人行道充满了活力。

中间层是四层公寓，与地面的距离适当，楼梯间空间宽敞，同时还有通风的作用。（南丁格尔1号项目没有空调。）巧妙地将公用设施暴露在外，使更高的顶棚设计成为可能，这对于采光尤其重要，并且在紧凑的公寓内形成了空间感。屋顶可以俯瞰周围的环境，属于公共空间，铺设有草坪，配备了夏季和冬季的露台、烧烤架、沙盒、菜园和蜂箱以及公共洗衣房和晾衣绳。

目前南丁格尔村（Nightingale Village）已经在规划当中，该项目将由位于不伦瑞克（Brunswick）附近的七个类似项目组成。

新开发项目中的分层结构：
瑞典哥德堡Nya Hovås社区

这个新开发项目位于瑞典哥德堡南部的Nya Hovås，地处邻近高速公路的一块所谓遗留地块，该项目正在发展成一个繁荣的城市中心。该项目的首先是在部分过剩的轻工业建筑中增加零售、服务和休闲娱乐等各种用途，为当地注入活力。然后在一个传统的城市布局中规划了街道和庭院，并新建了多用途地标建筑Spektrum大厦。

开发者认识到，混合用途开发是吸引居民搬入更高密度区域的关键，因此开发者战略性地投资首层空间用于非住宅用途。在一条交通繁忙的机动车道旁边，有意设计了有活跃临街面的建筑。开发商在开发过程中指导新企业，培养职业精神，帮助开展内部装饰和市场营销。

Nya Hovås这个新开发的城市街区代表了经典的分层结构，邻近繁忙主干道的首层为商户，上方属于公寓。顶层特别的公寓形成了独特的、多样化的屋顶景观，不仅使这个新建社区有鲜明的特色，而且还为经过本地的车辆提供了一处地标。

容纳不同功能的分层建筑：
Spektrum大厦，瑞典哥德堡Nya Hovås社区

Spektrum大厦作为Nya Hovås社区的中心，覆盖了一整个街区，四面都有活跃的临街面。这栋建筑物充分利用了分层设计，地下室有保龄球馆，首层有一家餐厅和商店，两层是教室和游乐场，顶层是联合办公阁楼和屋顶露台。

Spektrum大厦展示了一栋经过精心设计的建筑物如何在容纳不同用途的同时，活跃临街的边缘空间。

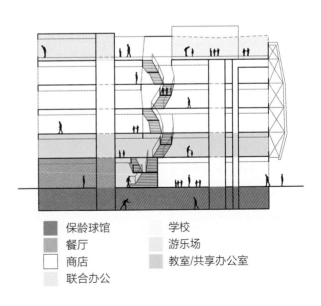

保龄球馆　　　　学校

餐厅　　　　　　游乐场

商店　　　　　　教室/共享办公室

联合办公

通过分层结构容纳不同功能：
西班牙巴塞罗那Mercat de la Concepció市场

01.

02.

03.

04.

Mercat de la Concepció市场，是巴塞罗那经过现代化改造的混合用途社区。它也是分层结构的成功案例。这处具有历史意义的市场建筑被保留了下来，被改造成一家新超市、大型装货平台和多层地下停车场。

有意识的分层布置不同功能，活跃了首层市场，使许多小贩在从事耗时费力的工作时，能够享受到自然光和自然通风。而且这处历史空间采用了高屋顶设计，并且连通到周边的街道。花店朝向主街道，并没有采用封闭的立面，而是将商品摆放到人行道上，带来了感官上的愉悦，可以灵活地延长营业时间，比市场内部的摊位营业更长时间。

市场摊位提供了高密度就业，在15-20m²的面

积内有4-5个就业岗位。市场配备了凳子，为顾客提供舒适的购物体验，方便顾客精心挑选商品和与摊主聊天。该项目将繁忙、密集的市场生活作为重点，使更多人可以在有助于停留和交流的环境（有自然光和通风）中，享受各种农产品所带来的感官体验。

市场中还有一家摊主和顾客经常访问的咖啡厅，以及一家美发店和电子产品商店。地面市场的下方是一家大型超市，销售更多日常用品。

超市只有为数不多的员工，收款台被很体贴地安排在首层，使收银员与摊主一样也能享受到良好的采光。

市场在一栋建筑物内同时实现了高密度和产品

05.

与体验的多样性，并且与周边社区有很好的连接。通过实用的可直接步行进入的入口和活跃的首层空间，优先考虑人类体验，而不是商品的物流、车辆交付和停车。

　　Mercat de la Concepció不止是在一个场所内集中了不同的、相辅相成的用途。该市场展示了如何通过分层结构，妥善布置不同组成部分的位置，以优先服务人类体验。

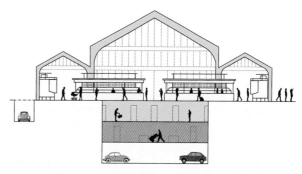

市场分为多个层次：首层为食品区，下方为超市，超市下方是商店，最下方是停车场。

01. 首层市场。
02. 花店将商品摆放到店外的人行道上。
03. 侧方入口直接通往社区小巷。
04. 每一个货摊可以雇佣4-5人。
05. 地下超市上方的入口天桥。

首层空间的潜力

小尺度围合式街区的一个显著特点是能够形成（相同占地面积下）更大比例的首层空间。首层空间比其他楼层更加灵活，特别是那些层高较高的首层，它们能够更有效地容纳高密度和多样性活动。

活跃的首层空间能够容纳更多样化的用途，确保更多的人能更长时间地在街道层活动，连通户外的公共生活。同时，活跃的首层空间有更多朝向街道的橱窗和直接入口，增加了出入频率，有助于培养社区归属感和安全感。多样化的用途反过来也激发了首层空间全天的活跃性。首层空间不仅让步行体验变得更加有趣，并且可以在出行途中提供更多服务和商品，以满足我们日常生活中多目的化的出行需求，因而能够鼓励积极出行（active mobility）*。活跃的首层空间不是只有商铺，它对住宅、办公空间和其他服务功能来说同样重要。[10]

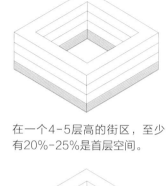

在一个4-5层高的街区，至少有20%-25%是首层空间。

甚至100%可以是首层临街面，同时不会丧失街区的完整性。

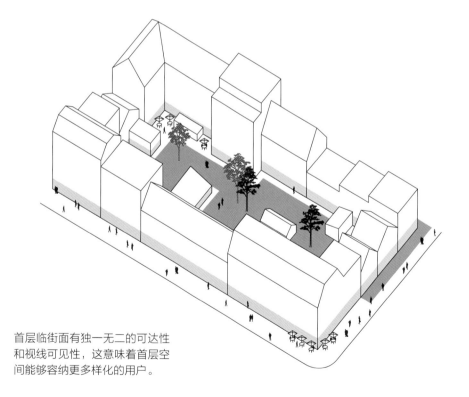

首层临街面有独一无二的可达性和视线可见性，这意味着首层空间能够容纳更多样化的用户。

---

* 积极出行（active mobility）：指人和货物的非机动化运输，主要基于人的身体活动，如步行、骑行等。——译者注

01.

02.

03.

04.

05.

06.

01. **意大利贝拉焦。**人眼视线水平可见的景象具有重要的价值，因此店主在立面墙上额外增加了悬挂式商店橱窗，以提高商业曝光率。

03. **英国伦敦。**首层空间的重要价值促使这些朴素的联排别墅扩建了首层商店。注意，所有关注点（颜色、细节和装饰）均集中在3m高度内，即人眼视线水平的高度，上方公寓建筑的造型依旧非常朴素。

05. **日本东京。**首层的大型橱窗连接了内部和外部的市民，帮助建立本地社区关系。

02. **日本东京。**朴素的日常办公空间也能给街道增添活力。一家家族运营的衬衫制造店铺的工人通过街道橱窗展示他们的技艺，既娱乐了路人，又能吸引新顾客。

04. **苏格兰爱丁堡。**首层临街面可以容纳许多小型商店和服务。这种变化使步行变得更有趣。

06. **巴西圣保罗。**一家商店被改造成了社区设施。大型橱窗向路人展示内部的情景，吸引路人驻足、甚至走进去参与活动。

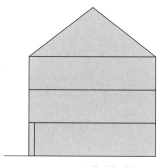

XS 25-60cm

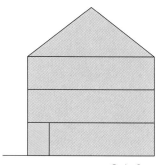

S 1-2m

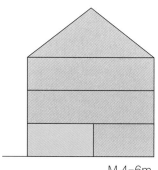

M 4-6m

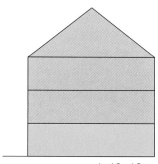

L 10-12m

XS

活跃的首层临街面最小的尺度为25-60cm深，相当于一个货架或橱柜的尺寸。这种尺度可以支持业主或摊贩在户外经营的小商户，这样的空间可以用于存放和展示商品。经过周全考虑后安装的固定长椅也可以被视为活跃的边缘空间。

S

纵深1-2m的空间支持商贩或店主在室内经营，但通常不能容纳客户。这种空间可以作为"墙上开洞"式的经营窗口，服务户外的顾客，比如咖啡摊、修鞋店或报刊亭等。这种空间有效利用街道作为销售空间，顾客将在人行道上排队。通常情况下，商品会在户外陈列。将这种小型空间排列在大的、不活跃的首层空间（如超市、停车场等）很有意义。

M

中等空间的纵深为4-6m，可以容纳一家允许顾客在室内活动的小型商店或办公室。这种空间通常位于建筑正面的临街面，可以容纳各种小型商店、作坊和办公室等。

L

大型空间在深度和宽度上贯通建筑首层。公共空间，如销售区或餐厅就餐区，可以向后延伸。这种大型平面也可以分成多个区域，前部用于销售，中间（光线更暗的地方）提供储物功能和其他设施，更安静的后方作为厨房、办公室和员工区域。某些类型的零售偏好"窄临街面和深平面"的设计，这类零售并排，能够形成高密度、多样化的购物街。

XS 最小尺寸的空间可以用于商品存储和展示。

XS：塞尔维亚贝尔格莱德。一个街边店由一排靠墙的薄薄的橱柜组成，店主和顾客在人行道上完成交易。

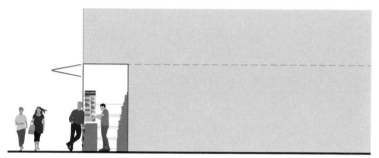

S 在这种小型空间中，店主在室内，顾客在户外完成交易。

S：日本东京。只需要一两米的纵深就可以开设一家商铺。注意小型窗台式吧台和折叠餐桌。

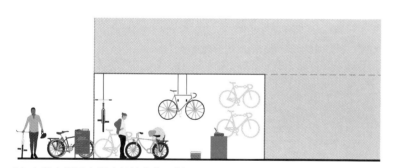

M 中型空间只占据建筑的临街一侧。

M：丹麦哥本哈根。单侧商铺可以有更宽的临街面，为街道注入了更多活力。

L 大型空间占据了建筑从临街面到背街面的整个空间。

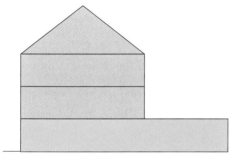

XL

某些首层的建筑空间纵深可能大于其上方楼层的，从而形成超大和更有用的空间，以供需要更大楼层平面的某些功能（尤其是零售）使用。另外，大型首层空间可以为上方的居住层提供有用的露台或户外空间。

XL 12-20m

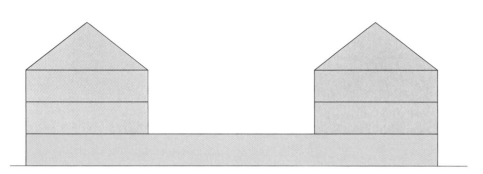

XXL 20m以上

XXL：超超大型空间可以占据整个街区……

XXL

首层建筑也可能占据整块用地，在上一层形成一个平台庭院。这种超超大型空间可以支持超市等超大型用途入驻现有的建成社区。关键在于要在外部边缘区域布置更小型的用途，形成连续的街道景观，以提高街道的可步行性和与周边社区的连接。平台则营造出抬高的户外空间，可以直接连接到周围的楼层。

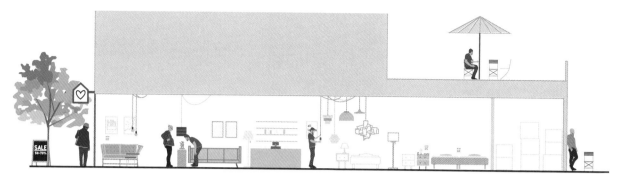

XL 超大型首层空间延伸出超过建筑的宽度。

……边缘空间内设有小型商店。

XXL：瑞士伯尔尼。一个大型CO-OP*超市入驻一条街道，边缘空间巧妙地布置了便利的小型零售摊。曾经单调乏味的立面现在在路人眼中变得更有趣。外部的面包店和冰激凌摊能够吸引更多潜在顾客，并使他们不必走入大型超市内部，节约了顾客的时间。

* CO-OP：欧洲一大型连锁超市名。——译者注

来到街道上

对经营活动的（向外）延伸来说，最灵活的空间是人行道。不同尺寸的人行道和不同的商业用途能够结合起来形成活跃的户外边缘区域，这有助于软化商业与街道的关系，鼓励人们在街道上停留。这种额外空间对小商户来说尤其重要。这些空间可以用于展示商品，比如在食品杂货店外摆放展示新鲜蔬菜的板条箱或者在服装店外摆放一排打折出售的衣服，也可以用于摆放用餐的桌椅等。

在晴好的天气中，（将经营活动）向街道延伸对于餐厅和咖啡厅尤其重要，因为商家此时不仅可以丰富街道生活，还能获得最大的营业额。使用人行道或公共空间能够以极低的成本增加餐厅或咖啡厅的面积，投入的成本只有桌椅等的物料投资和相较室内来说更低的维护费用，因为户外空间更容易打扫。此外，户外空间不需要通风，并且（通常）没有必要提供暖气。相对于其他发生在首层空间的活动来说，人行道上的桌椅能创造更丰富的街道生活，并且为城市空间带来了更多样化的和更高密度的使用可能。

即使在居住区内，人行道也能提供额外的生活空间。在公共区域内若有本地居民和他们的私人物品，能够提升街道的亲密感和友好度。

01. **日本东京。**小型餐厅外延到街道空间，使其容量扩大了一倍以上。注意相邻餐厅之间的塑料遮光帘。

01.

02.

03.

04.

05.

06.

07.

02. **荷兰阿姆斯特丹**。联排别墅临街面个性化的边缘空间，是由盆栽植物组成的迷你花园。这种环境为路人和居民带来了更多乐趣。

04. **瑞典赫尔辛堡**。一个冰激凌摊外阳光充足的边缘区域内摆放折叠椅，在人行道上形成了季节性的聚集地。

06. **瑞士伯尔尼**。宽大的建筑遮阳棚和盆栽植物为首层咖啡厅创建了一个户外的房间。

03. **丹麦哥本哈根**。住宅前方的狭窄空间，为居民提供了额外的生活空间，并使居民与公共空间之间建立了联系。

05. **瑞典云客比**。店主在遮阳布下方用展示桌与悬挂架的组合，将空间扩展到步行道，形成了柔性的商业边缘空间。

07. **苏格兰爱丁堡**。一家地下咖啡厅首先外延到下沉的前院，然后扩展到上方的人行道。

不只是商店：
不同类型的活跃的首层临街面

家庭住宅

有子女的家庭生活在首层非常方便。一个小花园除了作为住宅与街道之间的缓冲，还是一个宝贵的休憩空间，可以用来存放自行车、玩具或手推车，或者作为小朋友的游乐空间。

特殊需求者的住宅

首层可以服务老年人或残疾人，因为其通行非常方便。用户可以无需协助出入，增加了他们与外部世界的联系。在户外观察路人并与之互动，使首层居民有机会与邻居建立更密切的关系。

办公室的独立出入口

首层适合作为独立的办公空间。临街的地理位置提供了通透的视野和社会联系。人们可以走到户外，感受社区的氛围。有人活动的首层办公区域为街道注入了活力，提升了安全感。

作坊

首层可以供创意、制作与维修作坊及工作室使用。首层空间能够增强艺术家、手艺人、零售商和工匠与社区日常生活的联系。临街的地理位置不仅方便顾客访问，还便于收发货物。

儿童保育

首层空间为开展机构活动提供了直接的步行通道和"橱窗"展示功能的便利。这些机构包括日托设施和托儿所、图书馆分馆、公共服务、社区办公室和慈善项目等。此类活动可被安排在更靠近用户的位置，作为街道和社区的一部分，而不是被隔离在公共建筑内部。

医疗保健

首层空间尤其适合开设医院或牙医诊所、兽医诊所或任何其他专科或理疗师诊所。顾客通过街道地址能够轻松找到和进入这些诊所。同时，首层诊所可以方便地连接到其他服务，例如公交车站，以方便顾客乘坐公共交通抵达。

陈列室/美术馆空间

面积更大的首层空间还可以作为陈列室和展览空间。这类空间每平方米活动的人数可能相对较少，但依旧能够给安静的小巷注入活力。处于城市而非郊区的地理位置可以使这些空间和活动对更多人来说更加可达。

沙龙

美发店、美容店、美甲店等商铺的活动更具有社交属性，因此尤其值得关注。临街橱窗使建筑内部的活动能直接被外部看到，因此顾客也成为展示的一部分，让整个场所变得更有活力。这些店铺通常接受客户预约，所以白天会一直保持忙碌。

健身

健身房可以占据较大面积的首层空间，为街道注入活力，并且健身者本身就是对内部活动最好的广告。首层健身房通常从清晨持续营业到深夜，能够增加"街道上的眼睛"，为外部的公共空间营造出一种安全感，特别是当其他商铺都关闭了的时候。

专卖店

小型专卖店给宁静的街道注入活力。对于销售毛纺织品、火车模型、二手书或家庭自酿啤酒等的不常见产品的商店而言，橱窗展示尤其必要。专卖店的销售可能大部分依靠线上业务。然而，实体商店给企业主/店主提供了融入社区和社区日常生活的机会。

顶层空间和屋顶空间的价值

围合式街区相对于高层建筑来说能提供更大比例的首层空间，同样，其顶层空间或阁楼的比例也更高。在一个4-5层高的建筑中，20%-25%的建筑面积属于顶层空间。与首层一样，顶层和屋顶具备的一些特性对用户来说很有用。开发利用这些特性可以提高建筑的性能和价值。顶层的独特优势包括：不受限制的平面布局和屋顶形状、通行屋顶的便利条件、可供扩建的空间、更好的视野、更多日光和自然通风等。

无论其下方提供的是什么功能，顶层空间的平面布局都有更大的自由度，因为顶层空间的内墙都不需要作为承重墙。这种灵活的平面布局还可以在屋顶创建可达的"直接进出"的户外空间。由于顶层空间的上方没有更多建筑，其体量几乎可以任意变化。即使在同一栋公寓内，也可以有不同形状的屋顶和不同的顶层层高，甚至可以创造出中间层两倍高的空间和夹层。此外，屋顶体量的灵活性提供了增加空间的可能，可以向上加建。小型附加建筑非常重要，它可以提高顶层的功能灵活性，并支持更高程度的空间定制。

顶层通常被认为更有吸引力，因为上方没有其他人居住，因此顶层公寓往往价格更高。在许多城市，Loft建筑*改造成的豪华住宅非常流行，比如那些复式顶层公寓。顶层可以具备郊区别墅的许多品质，例如私密性、好的采光和私人的户外空间等。顶层空间的灵活性增加了容纳不同用途或用户的可能，丰富了建筑的社会经济多样性，促进了动态变化。然而，在许多情况下，顶层空间并没有得到充分利用，因此有巨大的开发潜力。

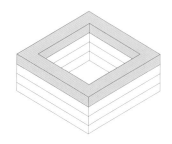

在一个4-5层高的建筑中，20%-25%的建筑面积可以具备顶层独有的阁楼属性。

01. 英国伦敦肖迪奇。在现有建筑上方新建了多层的顶层公寓，容纳了多个复式酒店套房，其上是屋顶餐厅和露台。

02. 墨西哥墨西哥城。新建的顶层公寓有巨大的窗户提供采光，还有宽阔的屋顶露台。

01.

02.

---

* Loft建筑：Loft的本义是屋顶之下的阁楼，主要用于存放东西。此处Loft建筑是由阁楼改造而成的住宅。一般特点是面积较小，但层高较高，居住者有自由发挥的空间，可以将其改造供多种不同用途使用。——译者注

在屋顶生活：
Töölö Housing，芬兰赫尔辛基

如何将高层建筑融入较低的周边环境当中？答案或许就是设计巨大的屋顶。Töölö Housing社区的孟莎式屋顶十分巨大但非常有趣，容纳了四层公寓，使这栋八层楼高的建筑给人一种比实际明显更矮的错觉，技巧就是将屋顶材料使用到建筑的上层。

屋顶的空气动力外形使风向上流动，保护了庭院空间，同时屋顶的角度使阳光能够照进庭院层。屋顶有趣的外观和夸张的烟囱，使整栋建筑给人一种亲切友好的感觉。突出的玻璃阳台作为小型公寓的补充，充分利用屋顶的形状，最大程度提高了采光。

虽然顶层只有一层，但Töölö Housing庞大的屋顶使许多公寓房间给人一种顶层的错觉。斜面屋顶上的窗户比普通的垂直窗户的采光性更佳，阳台感觉非常宽敞，能够享受270°的视野。

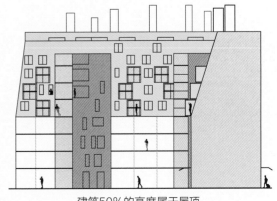

建筑50%的高度属于屋顶。

附属空间的价值

建筑附属空间，比如地下室、阁楼和后部的延伸结构，以及外部附属设施，如车库和自行车棚等，为建筑未来的扩建和改造提供了空间。

在中短期，阁楼、地下室和外部构筑物可以容纳许多实用的次要用途，例如季节性储物，以及洗衣房、兴趣空间和有遮蔽的自行车存放处等共享设施，这些重要的功能通常只存在于郊区。

中期来说，这些简单的建筑或空间可以为小生意提供经济实惠的办公场所。这些小空间可以在成熟的、受欢迎的社区内支撑初创企业，而这种社区通常有着有吸引力的邻里和大量的客流。

与街道联通的地下室可以容纳新开业的商店，处在安静庭院里的小建筑适合开设手工艺作坊或作为初创公司的办公室。在居住区内存在非住宅用途，提高了人口的多样性，增加了社区全天活动不间断的可能，有益于提升社区的韧性。

从长远来看，随着社区所在区域变得日益受欢迎，这些附属空间可能会变得更有价值。此时可能会有新的投资机会，将这些空间通过改造升级打造成有吸引力的生活和工作空间。旧的仓库、马厩、停车场和阁楼都可以变成有吸引力的住房。马厩改造而来的住宅和loft公寓是附属空间重新改造的典型例子。

01.

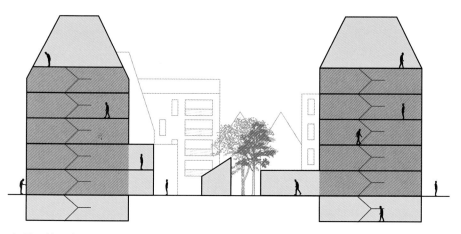

阁楼、地下室、后方延伸结构和外部构筑物都能提供扩建的空间和日后的新用途。

01. **丹麦哥本哈根。**这栋旧的庭院附属建筑位于一处安静安全的庭院之中，并直接连接到城市的便利设施，其吸引力逐渐显现。

02./03. **瑞士伯尔尼布雷特雷（Breitenrain, Berne）。**在一处安静的庭院内，将外部构筑物改造成高品质办公空间，确保了住宅区白天的活力。

04. **丹麦哥本哈根。**哥本哈根市的许多社区将晾晒衣物的阁楼改造成了具有出色视野和采光的顶层公寓。

02.

03.

04.

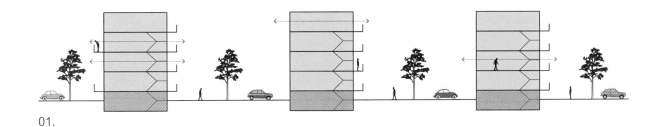

01.

认识到空间的多样性

简单对比一下围合街区中的联排分层建筑和空旷地块上的独立叠层建筑，我们会发现，即使独立建筑有不同寻常的奇异建筑造型，它所形成的空间类型也远少于围合式街区内的建筑所创造的。

首先，独立的叠层建筑没有临街面和背街面的区别。这意味着建筑没有公共的一面，即没有明显的临街面来提供一个对应街道地址的主要入口。建筑也没有私密的一面，即没有明显的背街面来提供一些满足建筑内部需求的实用性服务，如安置垃圾桶、停放自行车等。建筑没有热闹的一侧，无法促进商店或服务的繁荣发展，也没有安静的、受保护的一侧，无法给儿童提供游戏场所，居民睡觉时也不能打开窗户。

因此，独立建筑和其堆叠的附属建筑只能形成一种户外空间和一两种室内空间。假如有一种能够测量空间多样性的系统，那么这类独立建筑的"空间多样性系数"只有2或3，因为其室内和户外只有两三种明显不同的空间类型。

01. 在开放街区内独立的叠层建筑几乎不会带来空间多样性。这类建筑没有明显的临街面和背街面的区分，也没有明显的公共和私密区域。不同楼层的体验并没有实际区别。

03. 瑞典隆德。一个只有独立建筑的开放地块在较大的区域内形成一种单调的空间环境。

03.

04.

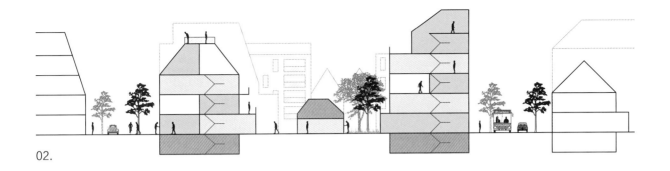

02.

02. 围合式街区内的分层建筑带来了丰富的空间多样性。街道上的公共空间与内部的庭院空间截然不同。朝向公共临街面和私密背街面的房间各具特色。连接到地平面的首层空间与上层空间截然不同。

相比于开放空间内的独立建筑,围合式街区内的分层建筑可以形成更多类型的可利用空间。建筑正面/临街面和背面/庭院的不同特性产生了至少两种截然不同的户外空间。相邻的庭院之间也可能产生区别,第一个庭院,或者说外部庭院,在邻近街道的位置上,然后才是一个内部的庭院。建筑临街、背街面的房间,以及不同楼层的房间之间当然也存在区别,连通建筑临街面和背街面的房间之间也有不同。建筑物的外部延伸结构和附属建筑物本身就是截然不同的空间,同时它们之间会形成不同的户外子空间。

如果使用与独立建筑相同的空间多样性算法,有附属构筑物的街区式建筑的"空间多样性系数"高达12或13,因为其临街面和背街面有不同的环境,而且从首层到阁楼层次鲜明。重要的是,每一种不同空间都增加了不同的使用可能。

04./05./06. 丹麦哥本哈根。围合式街区内的分层建筑允许多个不同的空间条件在同一个地点并存。在哥本哈根拍摄的这三张图片,拍摄距离都在50m以内。

05.

06.

在保持人本尺度的同时容纳更大的元素

在社区中实现本地生活的关键是要为居民上班、接受医疗服务、儿童看护、学习、娱乐与零售等需求提供便利的通道，最理想的情况是所有服务都在住宅的步行距离以内。提供能够容纳这些用途的建筑，是高密度和多样性挑战的一部分。如何在一个社区内容纳一所学校、图书馆、医疗保健设施、一家酒店、一家电影院、一家超市或一家公司总部？如何在不损失人本尺度的前提下，在社区环境中容纳需要更大空间的用途？如何确保这些用途在步行距离内，并且在视线高度上能连接到周围的环境？

就业可能是最重要的功能，因为人们长期内每天都要到达就业场所。理想情况下，社区应该提供各种就业机会，包括大的工作场所。第二重要的是学校和日托设施，因为它们在几年的时间跨度里几乎每天都要被用到。这些设施对于培养社区身份认同至关重要，同样的还有重要的聚会地点，以及每周都要使用的礼拜场地，以及图书馆和体育设施等社交与文化场所。医疗设施虽然不是每天或每周都要使用，但对于居民的生活至关重要。超市等日常零售设施也应该被纳入街道景观。然而，容纳那些承载大空间用途的建筑，并使其与周围中型或小型的结构和谐并存是很有挑战性的。显然，有些大型活动可能占用整个街区，或至少一大部分街区。大型建筑融入本地街道景观当中时，不应该打破小型街区的空间节奏和本地街道的生活。

01. 苏格兰爱丁堡。宏伟的维多利亚巴尔莫勒尔酒店（Victorian Balmoral Hotel，左）掀起它的了裙边，让（与酒店业务无关的）一些小型商店在其首层经营。这些小商店朝向通往爱丁堡火车站的后台阶，为匆忙赶路的旅客提供有用的服务。1980年代的购物中心（右）并不提供这种便利。

02. 西班牙巴塞罗那。一家连锁超市"老鼠洞"式的入口为沿街的小型本地商店、办公室、住宅提供了空间，同时也使占据庞大面积的连锁超市显露出一角。

01.

02.

03. **丹麦哥本哈根。Illum商场**。这栋五层楼高的百货大楼地处起源于中世纪的市中心，与周围建筑的规模接近。该商场没有庭院，利用中庭来为巨大的首层采光通风，同时顶层也配置了露台和天窗。在商场建筑的首层外边缘分布着规模较小的旗舰店铺，丰富了街道景观。

04./05. **荷兰乌得勒支和法国巴黎**。一座新教教堂和一座天主教教堂。两座教堂处在不同的环境，边缘都有小型店铺，形成了更加完整的区域环境。

03.

04.

05.

历史悠久的环境或许有许多值得我们学习的地方。在老城区内，大型建筑可以通过对体量和用途的柔化处理，融入周边的小尺度场所。德国传统的Rathauskeller就是一个简单的例子。Rathauskeller的字面意思是"市政厅地下室"，它是一家餐厅兼酒吧。提供这种餐饮娱乐功能的建筑是当地最公共、最正式的建筑之一。餐厅不仅在物理层面使行政建筑的外观变得更柔和，更重要的是，它给这所建筑带来了社会经济层面的改变，因为它在每天的不同时刻都吸引着民众。餐厅在这所中心的、公共的建筑可能要被置的时候为它注入了活力。在这里，私密的、商业性的、广受欢迎的活动与一个官方的公共机构并存，使私人企业能够为公共行政机关创收。有许多类型的公共、市政或宗教建筑在地下室或首层提供了日常和私人的用途。这些活动可能与主建筑内的活动无关（甚至完全背道而驰），但它们也尊重了街道和室外公共生活的连续性。

大型零售

百货公司这类的大型零售可以完美地融入4-6层高的街区尺度。庭院空间可以用作提供服务的后院，在街道上不会被看到；也可以用作中庭空间，在大纵深的平面中增加自然光，并连通不同楼层。较大的功能空间内可以容纳更小的功能空间，比如大商场可以在边缘空间容纳更小的店铺，像是一种经济上的共生关系。

小型店铺能帮助百货公司吸引顾客，同时为日常管理费用较高的百货大楼带来租金收入。大型商场本身是顾客的目的地，小型店铺因为靠近这种目的地也从中受益。商店群吸引各种人口，并且在一个步行可达的、开放时间更长的中心位置提供丰富的商品和服务。同时，商场也是大型雇主，提供了各类就业机会。

围合式街区的环廊

若建筑街区的围合结构是连续的，便可以形成一个连续的环廊。这个环廊提供多种没有断头路的通行选择。用户可以在两个不同的方向持续移动，使用灵活。这个环廊可以细分成不同部分，或者作为一个庞大的连续空间，因此可以容纳大型、中型或小型等各类用途。

从清洁小车和餐饮小车的移动，到电路和计算机线缆的铺设，环廊对各种服务的提供来说都十分方便。这对于医院和酒店等服务量较大、服务要求较高的建筑极其重要。此外，由于环廊可以提供多个出入口，给紧急情况下人员的疏散增加了更多可能。例如，火灾发生时，如果一个方向和出口无法通行，人们可以选择其他方向逃生。

小型社区内的大酒店

在社区内开设酒店对于酒店顾客和社区居民而言都有许多好处。酒店顾客能够在步行距离内获取其他有用的服务。酒店可以与本地企业建立共生关系，并可能为当地人提供各种高、低技术要求的就业岗位，尤其是帮助年轻人和移民的就业。酒店大厅等公共空间内若布置舒适的座椅、咖啡和网络服务，可以作为多功能、高利用率的聚会和工作场所。这些空间通常营业时间较长，往往会全天候运营，可以丰富首层空间生活的层次，同时提升社区的安全感。酒店能够吸引商务人士、节假日游客、独自旅行者、家庭旅客等多样的顾客群体，为本地店铺带来重要的客户。

在围合式街区，围绕庭院布置连续的房间，可以提升服务的效率。庭院形式提供了不同类型房间的选择可能，顾客可以选择外部房间，来观赏城市景观、深入连接周边的城市生活，也可以选择更安静的内部房间。庭院可以全部或部分覆盖起来，用于举办需要较大空间跨度且没有柱子阻碍的大型活动。庭院甚至可以是主要的建筑亮点，成为建筑内"令人惊艳"的空间。

最大程度发挥庭院街区的潜力：德国柏林丽笙酒店（Radisson Blu Hotel）

01.

02.

03.

丽笙酒店位于德国首都柏林的核心地带，以低调的建筑尺度，突出了附近宏伟壮丽的柏林大教堂。酒店的高度更低，与柏林大教堂和谐并存，使顾客能够感受到与周边环境的连接。

酒店建筑占据了一整个街区，有一个巨大的室内庭院，其中包含了酒店的酒吧和餐厅，以及一个五层楼高的壮丽的水族缸，它是全世界同类型水族缸里面最大的。水族缸是大型水族馆的一部分，水族馆大部分位于地下室。酒店建筑有活跃的首层空间，通过独立的餐厅、咖啡厅和商店等为周围街道注入了活力。酒店充分利用围合式街区，形成了便于服务和通行/疏散的环廊。

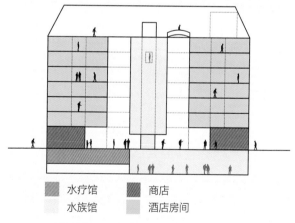

■ 水疗馆　　　■ 商店
■ 水族馆　　　■ 酒店房间

酒店剖面图中显示出中间的天井和水族缸。

01. 邻近酒店的有遮挡的购物街。
02. 靠近大教堂的大容量建筑有着低调的体量。
03. 天井大厅中的水族箱。

在一个有着细密肌理的街区内放置一个巨大的盒式建筑：
宜家，德国汉堡阿尔托纳（Altona）

目前在线零售日益普及，大型商店正在逐步迁到郊区，因此在一个人本尺度城市街区布置一家大型宜家门店可以说是一项巨大的成就。这种规模的宜家门店通常位于郊区，靠近高速公路，有庞大的、工业建筑风格的蓝色外形。在德国汉堡的阿尔托纳社区，这家宜家门店被成功置入一条步行街当中，街上还有小型商店、企业、办公室和公寓。

与其他宜家门店不同，这一家门店可以通过公共交通和步行抵达。这家宜家门店层次鲜明，最靠近首层的楼层为样板间，处在活跃的临街边缘空间的是门店的入口、商店橱窗、瑞典餐厅和冰激凌咖啡厅。餐厅在更上一层，能够看到街道景观。自助仓库位于样板间上方，顶层有停车场。

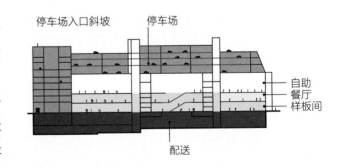

从超市到工作场所：
Twitter总部，加利福尼亚州旧金山

Twitter将其在旧金山的总部选址在了地处市场街中心地带的一处大楼，该大楼以前承载的是一家大型的百货公司。巨大的楼层面积为许多创新公司不断变化的团队式项目工作、协作和相对扁平化的管理结构提供了灵活的空间。每一层有充足的开放空间，这对于员工之间正式的会面和随机的偶遇与交流都至关重要。

位于城市内部的地理位置非常重要，因为城区有便利的公共交通、步行和骑行道路，还有方便的商店和文化休闲设施等。建筑映射周围的环境，本身也提供了便利设施。首层有巨大的橱窗和店面，开设了咖啡厅、餐厅、市场和超市等门店，这些功能使首层空间的潜力得到了最大程度的发挥，吸引路人向内观望、进店消费、在周围闲逛和逗留。

Twitter旧金山总部的选址经验，告诉我们三件重要的事情：第一，工作场所需要的建筑类型（楼层更少，楼面面积较大且灵活）；第二，吸引和留住员工的地理位置（位于中心地带，交通便利，服务全面）；第三，Twitter在宽敞的首层空间提供服务所有人的商店和服务，吸引公众在公司的物业内逗留，使公司融入城市生活当中。在公司的建筑内部提供原真的城市生活，除了为公司员工带来便利以外，还软化了Twitter总部的物理外观和公司的形象。

人本尺度的高密度分层结构：
瑞士伯尔尼（Berne）老城区

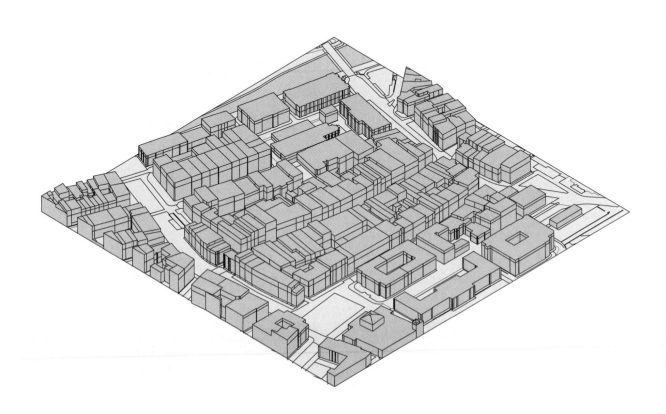

建筑密度		伯尔尼老城区
总面积：	400m×400m	联合国教科文组织世界文化遗址占地
总建筑面积：	373600m²	0.85km²
住宅建筑毛面积：	80200m²	老城区共有居民4600人，平均93人/公顷
毛容积率：	1.87	全市共有居民140600人，伯尔尼大都市
建筑密度：	0.50	区共有居民400000人

地面出入口

可直接通往街道的建筑面积比例：	21.5%

在不使用电梯的情况下可到达的	
建筑面积比例（4层或4层以下）：	62%

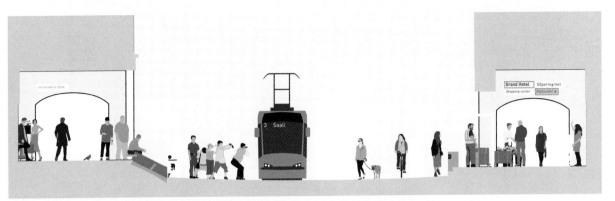

这个剖面图展示了街道与拱廊和公共交通的关系。

瑞士首都伯尔尼的中世纪核心区是以人本尺度容纳高密度和多样化的建筑类型与用途的最佳案例之一。在伯尔尼的老城区，尤其是在市场街（Marktgasse），杂货街（Kramgasse），和正义街（Gerechtigkeitsgasse）三条中心街道的附近，我们能够看出由中层建筑组成的多样化、高密度街区的巨大潜力。不同用途和功能使这些街道各具特色，形成充满活力的城市空间。这些建筑的用途随着时间推移发生了变化，但其布局自12–15世纪建成之后基本没有变化。

简单的结构

这些建筑的高度均为4–5层，有巨大的屋顶和带有拱廊的首层临街面，背面建有庭院。建筑的公共一侧面向街道呈现出连续、有序的界面，而带有庭院的私密一侧更加灵活，容纳了日常用途，同时也在不断变化，使建筑能够向内部延伸，而不是需要增加建筑的高度或侵入公共空间。

柔性的屋顶景观*、相对较低的建筑高度和高密度的城市形态，在建筑之间形成了一种怡人的微气候。连续的、带有拱廊的地面层所形成的步行景观大道，可以在所有气候条件下使用，吸引居民在其中步行、停留、站立和流连。狭窄的巷道降低了城市街区的规模，不仅为行人提供了在主要街道之间出行的捷径，还创造了更多临街面店铺用于开展商业活动。

容纳所有用户和用途

伯尔尼人本尺度的围合式街区结构，可以在维持人本尺度的同时，容纳从超小到超特大几乎任何面积的用途。超小用途可以是拱廊下方的小吃摊或者卖花商贩、市场上的一个摊位、角落里的售货亭，或者在巨大屋顶下位于阁楼里的小型开间公寓。超特大用途可以是楼面面积巨大的超市、百货商场或大型酒店。在这两种极端规模之间包含了各种用途：不同面积的商店、银行和展示厅、咖啡厅、酒吧、餐厅、律师事务所和医疗机构等。这些用途并存，可以享受到临近彼此所带来的好处。

空间的鲜明层次，可以帮助容纳这些混合性的零售活动。连锁商店和有更高客流量的店铺，显然会选择主要街道，而规模更小、私人经营的，或顾客数量有限的店铺，往往位于小巷、后街和拱廊。历史遗留下来的不同的房屋所有权模式意味着可能有不同的功能出人意料地并排排列，例如小型家营商铺比邻一家新型国际连锁商店。

从超市等大型实体融入人本尺度的环境中可以

---

* Soft roofscape：主要由植物、水体等有生命体的元素构成的屋顶景观，本书译为柔性的屋顶景观。——译者注

01.

看出不同规模的活动之间的共生关系。大型零售设施外部有小型商店包围，使整个街区充满了活力与生机，而不是被一种均质化的、长长的单一功能外墙主导。

水平方向上的层次

伯尔尼的中心街道有非常明显的水平层次，首先是首层空间最集中的活动，即主要的、连续的零售层。由于首层通行便利，店铺往往生意兴隆。根据交易商的需求，首层商业空间可以向上一层或向下一层延伸。偶尔有商店可以占用2-3层，因为这样可以使像百货商场或家具展示厅这类空间，以及更小的零售店铺或其他用途在这个地点共存。

有时候，户外楼梯可以使地下室的运营独立于建筑首层空间。由于地下室的租金低很多，初创公司或更多非传统交易商可以因此获得入驻高客流量的黄金地段的机会。这种分层结构使不同商业亚文化、非传统商业和新商业活动可以与传统的成熟商业活动并存。一家销售二手唱片的公司可能位于一家高档珠宝公司的楼下。

在建筑首层上方的楼层可以容纳医生和牙医等服务，以及律师、工程师和建筑师的小型办事处，这类服务的访客可以享受到它们地处市区中心的便利。另外，建筑还保留了大量住宅公寓。

首层临街店面被住宅的楼门打断，楼门之后有楼梯可以通往楼上，门上有标志牌和黄铜铭牌显示房屋的使用者和用途。街区首层还有银行设施，上方则是整栋办公楼。便利的街道布局意味着按照街道地址可以轻松找到这些功能。

从客户、顾客以及员工或居民的角度来说，大量不同的活动集中在同一个街区，形成了非常方便的多功能环境。所有活动都可以步行抵达，而且人们可以在一次行程中完成多个任务。

01. 主要的街道空间。
02. 位于一个三层裙楼上的餐厅能够帮助"捕捉"阳光，否则阳光不会照进首层的庭院。注意与屋顶的距离。
03. 部分庭院对公众开放，提供了额外的零售空间。
04. 拱廊中举行的临时独立零售活动。
05. 标识牌显示出同一栋建筑内活动的多样化。
06. 拱廊中举行的临时独立零售活动。
07. 拱廊下的店铺模式和有独立楼梯的地下室店铺。

02.

03.

04.

05.

06.

07.

这个街道和建筑的剖面图显示出建筑内不同活动的层次，以及建筑如何容纳更大和更小的功能。

日常出行

中央大街容纳了各种便利的出行选择。它是自行车友好的，有着双向的有轨电车和公交车线路，也为行人提供了有拱廊的步行景观大道，行人可以利用两条电车轨道之间的空间作为临时交通安全岛轻松地横穿道路。

配送和服务车辆在更广泛的出行模式中也有一席之地。在尊重伯尔尼市联合国教科文组织世界遗产地的地位的同时，当地采用了许多实用的解决方案，用于满足现代服务需求。具体来说，隐藏在人行道中的电梯可以将货物配送到许多零售店铺，包括多家超市。这种设计避免了大型卡车通常所需要的巨大的卸货区和道路线形。

01./02. 拱廊和人行道地下的电梯帮助向大店铺的地下室配货。
03. 有轨电车和行人惬意地共享同一个空间。
04. 有遮阳伞的拱廊提供了从室内到室外的系列体验。

01.

02.

03.

拱廊

伯尔尼的拱廊在街道之外提供了更多的通行空间。拱廊为步行和停留提供了一个扩大的舒适区,使市民能更近距离地感受到当地的天气,但不需要暴露在其中。拱廊在炎热天气可以遮阴,在雨雪天气又能提供遮蔽。拱廊意味着开阔的天空始终在一步之遥,雨停之后人们马上就可以重新回到户外。餐厅和咖啡厅的户外座椅,可以被安放在拱廊的遮蔽之下,在天气晴好的时候也可以延伸到街道上。

拱廊可以让商店全年在户外展示商品。拱廊的立柱为这种商业活动提供了另外一个维度,它可以承载展示柜和标志牌,还可以承担基本的倚、坐需求。拱廊是一种重要的混合空间,能够软化室内外活动的关系。

拱廊在不同季节提供了不同户外机会。

04.

围合式街区能做什么

典型的城市街区

一个建筑高度4-5层的典型城市街区。相对于其外表带来的朴素的第一印象，这种城市形态能够发挥的作用是超乎想象的。

私人/公共空间

街区系统清晰划分出临街面的公共空间（街区外部）和背街面的私密空间（街区内部）。这两个截然不同的世界紧紧相连，在一个街区内并存。

公共空间和身份认同

围合式街区在中间形成的公共空间，可以作为居民的共享中心，成为构建当地社区感的场所。

高密度/低层

街区系统在维持低建筑高度和人本尺度的同时，进行高密度开发，这意味着人与人之间的联系变得更密切，离首层和周边社区地块也更近。

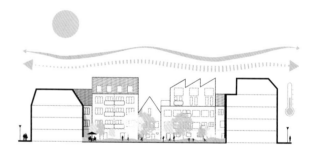

更好的微气候

围合式街区可以根据需求创造出有遮蔽的空间，形成得到保护的微气候，作为盛行风的庇护所和接收阳光的通道。统一的建筑高度减少了湍流风的负面影响。

木材　　　　　　模块

更简单的建筑和地基

中层建筑（4-5层）更容易施工，因为这些建筑的地基和建造系统比高层建筑更简单（并且成本更低）。中层建筑可以使用更多材料（包括木材）和不同的施工方法（包括预制模块），从而可以让小型的承包商和开发商参与施工。

受保护的声学空间

围合式街区形成了一个得到保护的声学空间。建筑四周的墙壁阻挡了街道上的噪声。夏季居民在睡觉时可以打开窗户，不会受到车辆的干扰。

受保护的空气环境

围合式街区创造出一种受保护的空气环境，也就是其内部空气可能比交通繁忙的外部街道上的更清洁。这不仅有利于通风，还能带来很多日常生活的好处，比如让窗户和悬挂的衣物更干净。

受保护的安全区域

围合式街区创造出一个受到保护的安全区，这种区域独立于街道，是位于城市公共的环境中的一处封闭社区。这里可以成为存放自行车或儿童玩耍的安全场所。

20%−25%步行通道

在4−5层高的围合式街区，20%−25%的建筑有可直接步行进入的入口，这对于各类用户和用途来说都是十分有益的。

100%楼梯入口

4层高的围合式街区，有100%的楼梯入口，也可能有通往临街面公共空间和背街面私密空间的两条通道。

活跃边缘空间的发展潜能

在围合式街区可以将首层活动（如商店、咖啡厅和工作场所）向上延伸到二楼（+1）或向下延伸到地下室（−1）。首层活动还可以向后延伸到街区内部。通过这种方式可以将街道相关的公共活动增加一倍、两倍甚至更多，但同时不会干扰街区内部的生活。

100%允许车辆通行和100%禁止车辆通行

围合式街区一侧100%允许车辆通行，方便其抵达所有建筑，另一侧则100%禁止车辆通行，兼具了这两种环境的优点。

20%−25%的顶层公寓

4−5层的围合式街区有20%−25%的阁楼和宝贵的顶层住宅，其优势是灵活的空间平面（因为没有承重墙）和更充沛的日光，因为屋顶和墙壁上可以设计窗户。还可以在微气候依旧怡人的高度，建造屋顶露台和屋顶花园（更高的地理位置容易暴露于更猛烈的寒风，因此外部空间的舒适度可能相对较低，可用性也相对较差）。

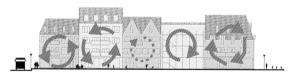

多重分形系统

围合式街区可以细分成完全独立的建筑，每一栋建筑都有各自的出入口，其基本性能并不会受到影响。这意味着街区中可以有不同的建筑风格和用途，也可以有不同类型的建筑所有权和使用权。

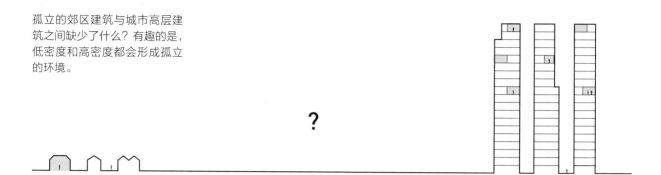

孤立的郊区建筑与城市高层建筑之间缺少了什么？有趣的是，低密度和高密度都会形成孤立的环境。

营造街区，增强韧性

围合式街区的城市肌理由独立且层次分明的联排建筑组成，可以容纳高密度和多样化的用途，同时维持了人本尺度。这种城市肌理可以不断重复，使城市能够持续发展、适应和变化。这种城市肌理将私密空间的舒适和安全，与公共生活的便利相结合，能够改善日常生活的质量。小规模的街区通过贴心的细节，为居民创造了更多社交机会。这在空间、材料、能源和时间方面是非常经济的解决方案。虽然这些很多都是非常基本的要素，但正是这种简单的围合式街区的城市肌理，以及它们简单的规则，创造出了一些全世界最宜居的城市。这种建筑形态取得的普遍成功，使其在今天显得格外有意义。

这种稳健的城市街区框架极具韧性，一方面容纳了百货市场、超市、学校、办公室、机构和体育设施等大型公共生活要件，另一方面通过住宅、花园、作坊和工作室等容纳了小规模的私人生活。这种模式使日常生活变得轻松便利：让买面包、遛狗、外出吃午餐、听街头艺人的演唱、去市场购物等公共生活自然舒适地与晾晒衣物、烤肉、修自行车、在戏水池玩耍、晾晒床单、在向阳场地上种植西红柿等私人活动同步进行。

这种简单的系统形成一种灵活框架，可以扩大规模和相互组合。街区连接起来形成街道；街道连接起来形成了社区；社区连接起来共同构成了整个城市。

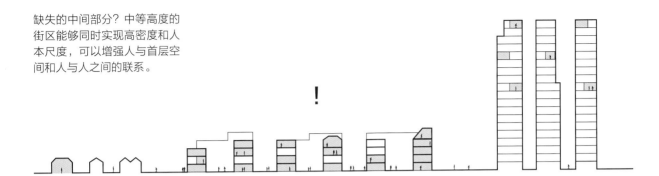

缺失的中间部分？中等高度的街区能够同时实现高密度和人本尺度，可以增强人与首层空间和人与人之间的联系。

不同建筑组合在一起可以形成一个有无限变化的独立分形系统。每一栋建筑都能根据用户独特的、特定的情况，以各自的方式适应和变化。这些建筑整体组成一个富有韧性的系统，能够容纳不同建筑形态，并接受未来的变化。

这种建筑形态可能帮助我们在快速城市化的时代，在政治和市场都要求提高密度的时候，找到城市开发过程中缺失的中间部分。"高密度–小规模"的中层建筑能够创建怡人的公共和私人空间，可以为搬入城市的人们提供更美好的新社区，并成为已建成的场所和其中居民的好邻里。这种密度可以带来并支撑公共基础设施、公共和私人服务，以及休闲与文化活动。与此同时，这种街区规模能够满足个人的需求和愿望。这种公益与个人满足感的平衡，也可以提高街区的韧性。

联排、分层次的围合结构，即使在密度更高的情况下，也可以具备满足居民个人愿望和需求的特性。

你的生活时光

"我们忙于期许生活别的样子，但其实正在经历的就是生活"。

约翰·列侬，1980年[11]

笔者认为，生活标准和生活质量之间的关键区别在于，生活标准实质上取决于我们拥有的金钱和我们如何花费这些钱，而生活质量则取决于我们拥有的时间和如何使用这些时间。一个主要与数量有关；而另一个主要与质量有关。一个涉及的是物质，另一个涉及的是体验。大部分人不会想方设法在生活里增加更多活动，而是会去主动寻找解决方案，更高效地利用时间以减轻生活中的负担，帮助调整日常工作、抚养子女、身体健康、购物、持家和邻里交往等活动所带来的压力与冲突，从而享受快乐的生活。

美好生活最大的挑战或许来自日常生活的不同组成部分在物理空间上被相互隔离。20世纪下半叶的城市规划并没有解决这种不同活动相互隔离并持续蔓延的城市格局。我们需要和想要的许多服务分散在广泛的区域内，增加了本地生活的难度。独立的郊区住宅、工业产业、郊区购物中心、办公停车场、教育园区都位于不同的地方。我们所梦想的安静、绿色、安全的安逸郊区生活，有一个致命的缺点是需要汽车，因为购买和驾驶汽车的成本非常高昂。并非所有人都能驾车（比如儿童、老年人、病人、精神紧张的人等），而且一个家庭可能有不同活动并需要前往不同的方向，这时候一辆车可能不够。在生活质量方面，更重要的并不是驾驶汽车所需的金钱或能源成本，而是时间成本。

我们浪费了太多时间去满足自己的需求，却往往会疏忽其他更令人感到充实的机会，失去与身边的场所和人互动的机会。广义来说，时间是真正公平和民主的，因为不论财富、健康、种族、教育背景的差异，每个人每天的生活都只有24个小时。在做完每天必须要做的事情之后，剩余的时间就是"空余"时间。

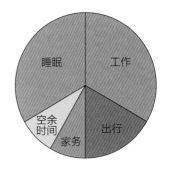

24个小时

大部分人每天至少要工作八个小时，如果他们足够幸运，可以有八个小时的睡眠，因此业余时间最多只有八个小时，其中还包括了做家务的时间。出行会占用很大一部分"空余"时间。

这会直接体现在我们的生活质量好坏上，我们应该把每周所剩不多的宝贵的几个小时用来做对我们来说真正有意义和有价值的事情，例如投资和推进我们的生活，维护与亲朋好友的关系，为孩子读睡前故事，在公园遛狗，参与社区生活，进行学习和个人发展（如从居家DIY项目到语言课堂等的多种项目），进行文化体验、创业、志愿参与我们关心的事业，以及其他快乐、有趣、简单的乐趣。

我们的城市、社区和街道的建成环境设计，能否给我们更多时间去做对我们更有意义的事情？我们能否提高时间利用的效率，或至少让时光的流逝变得更惬意、更令人快乐？

要改变当前分离孤岛的范式，一种显而易见的方法是在同一地点集中更多活动，满足我们的日常生活需求，使市民能够在同一个地点生活、工作、学习和休闲。这样做能够大幅减少甚至消除用于交通出行的时间，进而可以节约能源和花销。我们每天将多出几个小时来做我们想做的事情。

除了需要在更近的距离内提供必要服务以外，我们还需要让往返不同地点之间的时间和旅程变得更愉悦、更充实。我们要让场地充满着机会，在时间和空间上将我们更好地连接到周围环境的机会，让我们感受日常生活的真正价值。例如，上学途中可以是快乐的家庭骑行时光；上班通勤可以是步行穿过公园的愉悦旅程；午餐时间可以处理各种任务和生活杂事，甚至可以回家或去幼儿园探望孩子。去托儿所接孩子的行程可以变得更轻松，而且可以有更多时间从事放学和下班后的活动。

想象一下，如果你每天多出来几个小时，你会做什么？你每天的生活会变成什么样子？这一切都取决于我们如何建设和使用城市。

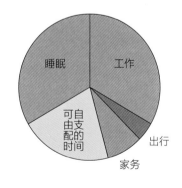

24个小时

如果能节省大量出行时间，你每天就能有更多高质量的时间，甚至会多出几个小时去做对自己有意义的事情。

在拥堵和割裂的世界中

出行和相处

楼梯建筑

可直接步行进入

更宽的人行道

可以步行穿过

中央隔离带

路缘石扩展带

交通拥堵和碎片化密切相关，因为碎片化所带来的城市的物理扩张需要更多空间，这进一步增加了交通需求。现代主义者规划的城市由于其独立划分的区域和功能，使得若想获得完整生活所需的资产，会产生大量的交通需求。

与此同时，由于不同类型的人和活动均位于完全不同的地方，这种物理上的碎片化造成了社会碎片化。因此，分区规划下的城市不仅给日常生活造成了不便，还带来了社会挑战，因为不同群体（不同种族、经济阶层、行业/职业、年龄）不能自发地相遇。

城市出行也意味着社会流动。出行不仅将你与将要去的目的地联系在一起，还将你与所途经的地方、在路上遇到的人联系在一起。

可直接步行进入

连续人行道

自行车道

中央隔离带

自行车道

人行道作为站台

出行中的人性化维度

在任何城市系统中，无论不同活动在本地整合的程度如何，仍然需要有一系列的出行选择。这要从最短的行程开始，从室内到室外——从客厅到阳台，从公寓门到街道，从厨房到庭院。这些看似微不足道的动作，却对舒适便捷的生活至关重要。我们可以将这种现象称为可步行建筑，即从舒适的卧室、浴室或阳台到便利的面包店、自行车道或公交车站，只需不到一分钟。

城市出行方式包括步行、骑行、轻便摩托车和公共交通，以及私家车和各类服务与运输车辆。当我们在谈论该层面的出行时，我们可能期望讨论不同工程和基础设施系统、运力、速度和流量的相对优势。然而，出行还有另一层含义，那就是交通方式与人之间的界面，以及如何将出行系统（无论多么庞大和复杂）整合到小规模的街区道路中。与可步行建筑类似，在社区周围也有类似的短距离出行，例如穿过街道、将自行车推到自行车道和等公交车等。这些短距离出行使用了不同交通方式，但均提供了社交的机会——邀请人们与他人交流。

01. 瑞士巴塞尔。一条长途轻轨放慢速度，以适应市中心居民的生活节奏。固定的轨道意味着当行人靠近时会感到更舒适，使用清洁能源的有轨电车比公交车更安静。需要注意的是停放的自行车和睡着的婴儿。

02. 日本东京。不同年龄段的用户以不同方式出行。

03. 德国弗莱堡。公共交通为偶遇不同于自己的陌生人提供了无数机会。

出行中的人性化维度始于建筑内部，并无缝连接日常生活中的不同时刻。

01.

02.

03.

　　这是城市交通中的人性化维度。日常生活离不开出行，而相处则是要不断进步，推进我们的生活，并与周围的其他人建立联系并和谐相处。可步行性能够带来社交的机会。我们需要承认，可步行性存在于我们迈出的每一步、每一段已经建立的关系，存在于人们生活和工作的每一栋建筑，甚至最小的活动空间当中。

可步行建筑

四五层高的围合式城市街区实现了人本尺度，建筑都便捷可达（请参阅营造街区章节）。这种人本尺度使社会交往更加容易。大多数人可以相对轻松地走上三至四层楼梯，因此至少在四层楼的高度，可以在建筑与街道之间维持良好的联系。从四楼可以看到街道上的情景，甚至可以与街上的人们互动，比如呼喊在庭院玩耍的孩子、把扔钥匙扔给朋友，或者跟正走在路上的熟人打招呼等。

在设计大型交通基础设施时，有一种理念是创建支线系统。交通规划师日益认识到最后一英里（或最后一公里）出行的重要性，例如从车站枢纽到家的路程。柔性城市的目的是将这种交通理念融入社区甚至更接近住宅的地方，一直通往建筑和楼梯间，沿着楼梯直到公寓门口。最后一英尺或最后几米的距离对于连通内部和外部的生活至关重要，并且有助于在人们与社区、场所、人和气候之间建立高质量的关系。

可步行性从家门口开始，一直延续到街道。邻近并且可直接到达街道，能够将你的个人私密生活和城市的公共生活连接起来。可步行建筑包括可直接步行进入、可以步行穿过和步行可达的楼梯建筑。

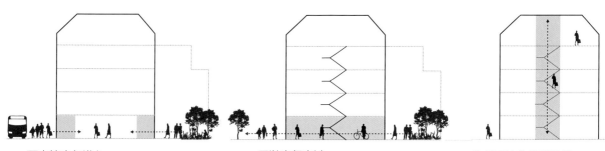

可直接步行进入：
方便的入口。

可以步行穿过：
为同一地点的多种用途创造可能——
包括公共和私人用途。

步行可达的楼梯建筑：
大多数人在大部分情况下可轻松
前往上面的楼层，不依赖电梯。

可直接步行进入

这种最简单，或许也是最重要的通道类型，使人们能够直接出入建筑或通往外部边缘（街道）和内部边缘（庭院）。这正是首层空间的真正价值。直接连接内部和外部的门窗越多越好。首层空间比例更高的城市形态，拥有更多可直接步行进入的场景，这为与其他人尤其是邻居交往创造了更多的机会。

可直接步行进入的首层空间提供无障碍通道，可以供轮椅使用者或者其他行动不便人士通行，对于携带或搬运物品的人也非常方便。对于家庭而言，每天或每周都需要搬运购买的物品、扔垃圾、送孩子、搬婴儿推车和婴儿座椅、自行车、行李箱和体育设施，偶尔还需要搬运家具、家电等。对于商户而言，这类首层空间方便客户和顾客直接步行进入，同时也方便每天收取货物和处理废弃物。内部空间与外部人行道相互结合得越好，通行就越方便。

可以步行穿过

01. 德国蒂宾根。可直接步行
　　进入的建筑。

02./03. 丹麦哥本哈根。
　　可直接步行进入的建筑和
　　可以步行穿过的建筑。

通过有遮挡的通道或连廊形成的可直接步行穿过的通道，在街道的公共领域和庭院里的私人世界间创造了便捷的连接，使人们能够快速地从一个世界进入到另一个截然不同的世界。在这种城市形态中，两种截然不同的户外空间近距离并存，从私人庭院直接步行穿过并到达公共领域非常方便。

01.

02.

03.

此外，由于通行最为便利，地面层有最大的潜力容纳多样化的用途。因此，穿过建筑首层空间的通道越独立、越避开首层的私人住宅和通往上层的楼梯，在同一个地点就可以有更多样的活动并存。

当与从街道或庭院通往地下室的独立通道相结合时，可直接步行进入和穿过的通道能够促进空间使用的多样化。

01.

楼梯建筑

在更高密度的建成环境中，或许对于可步行性最重要的是能够通过楼梯轻松去往上方楼层，而不需要依赖电梯。建筑中可能配备电梯，作为货梯或者供真正有需要的人群使用，但楼梯应该是去往上方楼层的主要通道。

设计中的一些基本细节可以明显改变楼梯的使用体验，例如自然采光、通风和与室外相连的景观等。再比如，使用双跑楼梯将楼梯分成更短的部分，使用者有更多机会休息，进而降低了爬楼梯的难度。

顶层的可达性尤为有趣。如前文所述，顶层有许多与郊区独立住宅类似的独特优势，包括隐私性、空间灵活性、充足自然采光和创造户外私人空间的可能性等——这些都类似郊区独栋住宅的品质。从首层出发只需要三四层楼梯就能到达顶层，这些私人优势与社区的所有公共资源之间只相隔一分钟的路程。

02.

可步行建筑的价值

能够自发地出入建筑对于生活质量有重要的影响，尤其是在城市环境中。对个体而言，这对健康有直接好处，因为人们能够得到体育锻炼、呼吸新鲜空气并增加社交。但对于整个社区而言，社区感的形成源自人们出现在公共空间并积极开展活动，比如儿童可以轻松到户外玩耍，成年人可以与周围的环境和邻居互动。低层建筑尤其是首层的住宅进出更快、更方便，因此更有可能形成社区感。四层高的建筑平均有25%的住宅可以有直接的通道前往户外。对于五层楼高的住宅，这个比例为20%。同样，20%–25%的建筑可以具备顶层的优势。在4–5层高的中等高度建筑中，每一位居民只需步行一分钟就能进入户外。

01. **丹麦哥本哈根。**这条通道使居民可以步行从正面穿过建筑物前往背面。

02. **德国柏林。**

03. **德国柏林。**通道还可以与楼梯相结合。

04. **瑞士伯尔尼。**安全的楼梯还支持更多非正式行为。

03.

04.

楼梯上的生活

楼梯与电梯之间有巨大的区别。除了提供日常所需的锻炼以外，公共楼梯还可以作为社交场所，为日常偶遇邻居创造机会。楼梯间是多层建筑的主干。楼梯间能够在隔壁或近邻之间创造一个小型社区。楼层越少意味着每层的家庭更少，进而形成更强的控制能力与更亲近的环境。与高层建筑相比，住户在步上式建筑（无电梯）中认识和结识邻居的概率更高，因为楼梯建筑内需要认识的住户数量更少。

公共楼梯在临街大门和公寓门之间形成的排水通道或排水槽（取决于宽度），成为私人住宅和外部城市环境之间宝贵的缓冲区。从某种程度上说，楼梯形成了一个微型封闭式社区，在住宅周围形成一个高度规范和安全的区域。然而，与郊区的封闭式社区不同，这个社区紧邻公共区域，因此它并不是孤立的。公共楼梯的缓冲作用可以帮助缓解在高密度、多样化的城市环境中生活所面临的诸多挑战。

走楼梯还是等电梯？在由四层或五层多层建筑组成的城市形态中，步行上楼的比例更大，整个社区将更方便自发通行。

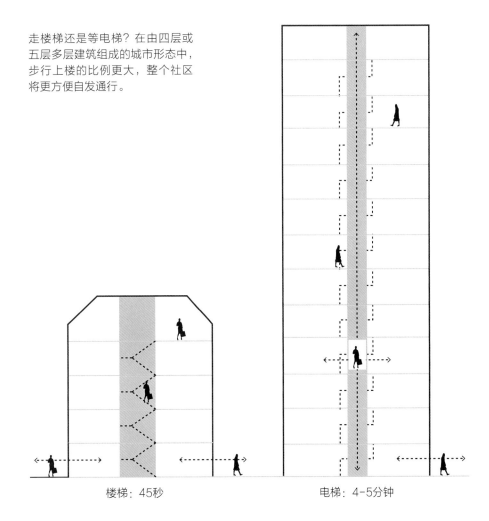

楼梯：45秒　　　　　　　　电梯：4-5分钟

通往"你的"户外空间

每一栋建筑都有一种东西，我称之为"你的"户外空间——这块地就在你的窗外：你的一块人行道或草地，你楼外的一片地方。你的户外空间可能成为你需要参与和维护的社区的一部分。如果这里发生什么事情，你可以有所行动——比如发生一场交通事故、有一个哭叫的孩子或发生反社会行为等。简·雅各布斯生动描写了她从自家排屋窗户看到的街道场景，以及街道旁观者可以发挥的关键作用，例如让街道变得更安全（"街道眼"）。[12]尽管窗户是街道眼，但我想补充的是，门意味着"街道的四肢"。当然，窗户经常被认为是预防犯罪的关键结构。然而，临街大门发出一种更强烈的安全信号，警告潜在犯罪分子，并使潜在受害者确信，不仅有人能看到他们，还会有人出手相助。

有一种奇怪的情况是，你无法直接前往窗外的空间。相反，你需要到建筑的另一侧才能找到通往外部的道路，然后在建筑外绕一圈后才能来到"你的"户外空间，这个过程需要花费几分钟而不是几秒钟。或许，在经过这个费力的过程之后，你感觉这并不是"你的"户外空间。

在建筑的正面和背面都有就近的通道可以轻松前往公共和私人的户外空间对于社区至关重要。建筑中应该频繁出现楼梯核心筒，通往建筑正面和背面的大门。首层应该能够直接到达窗外的空间，而且上面楼层应该尽可能直接连接到其窗户下方的空间。能够直接通往街道使城市生活变得极具吸引力。城市生活的美好之处，其中一部分就在于居民能在一分钟内抵达许多地方。

扬·盖尔在他的经典系列演讲中使用的快照显示了在建筑不支持的情况下，人们如何努力与"他们的户外空间"建立联系。

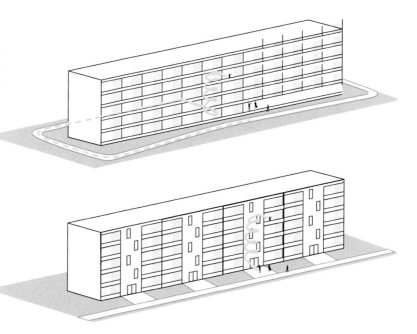

在4-5分钟内进入户外空间。许多现代主义建筑只有通往一侧的通道，这意味着居民需要绕远路才能到达"他们的户外空间"。内部走廊系统只会让事情变得更糟糕。

在45秒内到达户外空间。一个人的住宅和他们外面的空间之间存在逻辑关系。建筑两侧均应该有入口，并且有频繁出现的楼梯间。

塑造街道

人类在地球上留下的最古老的生活痕迹是道路。路网的出现远早于建筑和城市街区，它塑造了人类的出行模式，反映人类能源的经济性：步行。街道作为一个空间，是将这些人类的出行模式与建筑中的人类活动联系起来的结果。

当建筑沿着一条路径或围绕着一个开放空间进行组合时，它们创造了诸如街道和广场这样的有用空间。这些都是公共领域的一部分，它们为出行和其他户外活动创造了可识别的空间。从历史上看，这是一种最经济的方式，能够将最多的房屋连接到昂贵的基础设施上，如铺设的道路、排水、供水、公共交通和其他公用设施。将建筑直接连接到基础设施使私人物业能够访问公共网络，并使每一处空间之间形成互联。通过这种方式，建筑与基础设施之间、静态世界与动态世界之间、私人空间与公共空间之间、个体家庭与更大的城市人口之间便有了直接的动态联系。

街道、广场等公共领域可以培养公民意识，这些场所将人们聚集在一起，鼓励人们增加户外活动、参与公共生活。然而，这种模式仅适用于可预测的和舒适的公共空间，人们清楚在这些空间中该如何表现，可以期待什么，以及如何轻松出行和在哪里找到自己需要的物品等。街区之间的街道和空间模式应该创造一个相对简单的出行框架。人们能够识别公共领域，并利用其结构本能地驾驭这个城镇或城市。街道和场所名称成为地址，街角变成了行人定位点。

将建筑并排布置在一起能够节省空间，减少所需的基础设施数量，让不同的事物在更近的距离内并存，因此步行十分方便。如果建筑之间浪费的空间减少，你就能更快通过步行抵达更多地点。街道结构将建筑与川流不息的人流联系起来，还会带来商业机会。建筑边缘可以作为店面，并且将房屋布置在同一条街道沿线，可以形成购物中心和商业中心。

街角

　　围合式街区之间的街道模式会形成街角：街区数量越多，街角越多。我们知道，交叉口的数量越多，一个社区就越适宜步行，因为有更多的路线选择。因此，交叉口的数量对步行量多少有直接影响，而且交叉口出现的频率可以作为衡量城市地区健康状况的晴雨表。[13]

　　街角是街道生活中极其重要的元素。街角是重要的场所，是定向点、人们会面的热门地点以及商业空间的所在地。街角建筑的首层空间为商店、咖啡厅等商户提供了显眼的地理位置。它们可以吸引从不同方向路过的顾客。由于能够享受到两侧的光线和多个方向的视野，街角建筑的上方楼层也很有吸引力。

　　也许不可能每一条街道都有活跃的首层空间，尤其是在居住区。然而，在街角应该尽可能布置与社区相关的首层用途，无论是商业、办事机构还是本地社区用途。

01. **英国伦敦。** 亮红色的临街店面在其他白色住宅建筑中极其醒目，彰显了街角位置的价值。

02. **日本东京。** 街角的小商店事实上位于另一家街角商店内，充分证明了这个位置在本地社区的价值。

03. **丹麦哥本哈根。** 一个以咖啡厅为活跃街角的新社区。注意街角只有首层采用了对角线切割的设计，一方面方便了两条街道相交处的行人行动，同时保留了上方高效的矩形几何结构。

04. **爱尔兰都柏林。** 一家典型的街角商店，店门位于一处斜切街角，吸引了来自两个方向的客流量。这处斜面结构额外扩大了人行道空间。

01.

02.

03.

04.

关于步行

扬·盖尔经常提醒我们，人体的生物结构就是为了行走。[14]可步行性是指适应步行，使步行变得轻松、高效和令人愉悦。步行将始终是城市生活中的重要组成部分。步行是最基本的、最重要的出行方式。每一次出行，无论采用何种交通方式，都要以步行开始和结束。你步行走到停车场或自行车棚；步行去公交车站；步行去地铁站台。步行使所有城市内部的联系成为可能，将我们连接到附近的场所，并且让我们有可能超越眼前的环境。

步行的节奏让人获得丰富的感官体验，促进社会互动以及与周围环境的联系。城市空间的设计可以增强这些体验，改善整体可步行性。这意味着创造舒适的、有吸引力的和连续的步行路面，以及创造出不同的行人群体在与其他交通方式所共享的空间中行动时，能够保证其步行安全、便利和直观的空间。

与其他出行方式不同，人类在步行时有完全的控制权，可以自主决定停止和前进。步行是对我们周围发生的事情反应最灵敏的交通方式，也提供了最多的社交机会。与其他交通方式连接所需的短途步行尤为重要。

如果你从街道直接开车进入地下车库，然后坐电梯回家或去办公室，意味着你被剥夺了与场所、人和这个星球建立联系的机会。在停车场与住宅或工作场所之间短途步行，除了对健康有明显的好处，还增加了社交机会。你有机会观察街道上发生了什么，观察其他人的行为，并亲身感受天气。

不同人群带着不同物品朝着不同方向前进。可步行性设计必须考虑行人及其环境的多样性。有的行人正在匆忙赶公交车，所以他们分秒必争。

有些人正在闲逛，寻找驻足停留的理由。有些人正在运动，有些人则在工作，比如快递员。有些人穿着耐用的徒步鞋，有些人穿着高跟鞋或胶靴。不同的人有不同需求和不同的行进速度，而所有人都在共享同一条人行道。

同样，人类还会携带各种装备出行，以方便自己在城市环境中完成更多事情，并让自己更舒适。婴儿车、购物手推车、助行架、拉杆箱、大手提袋和购物篮、帆布背包、折叠自行车、耳机、移动设备、水壶、咖啡杯、雨伞和遮阳伞等，都会影响行人的出行方式和使用空间的方式。我们在进行可步行性规划时，需要考虑到这些装备以及伴随的行为，并理解这些行为会帮助还是妨碍人们出行以及人们所需要的步行空间。

01. **瑞士巴塞尔。** 巴塞尔中央车站外有十二条有轨电车线路，因此有数以千计的行人共用同一片区域。与公交车道不同，有轨电车轨道为行人提供了直观的导航，方便行人判断在哪里行走是安全。

02. **丹麦哥本哈根。** 市中心的人行道尺寸并非总能够同时适宜步行和停留。

03. **丹麦哥本哈根。** 人行道被婴儿推车和小型自行车等许多小轮交通工具所使用。

04. **瑞士伯尔尼。** 人行道需要提供适合轮椅通行的铺装和尺寸。

01.

02.

03.

04.

过街

可步行性最大的挑战之一是安全过街。行人可能在过马路的时候遇到邻居，并且交通方式的多样性实际上会对行人造成威胁。有时候，人行横道的地理位置并不方便，甚至需要行人绕行，这意味着行人并不会始终选择从人行横道过马路。对于年幼和年长的人来说，过马路尤其具有挑战性。对于儿童而言，过街或许是城市生活中最大的障碍。然而，这却是拥有正常日常生活的关键。

过街天桥和地下通道限制了过马路的选择。它们形成孤立的、甚至令人不安的环境，而且台阶需要行人付出更多体力。它们还会妨碍无障碍通行。[15]

街角人员密集、人流量大并且类型复杂，因此对可步行性构成了挑战。交叉口的行人和交通方式最为密集，所有人在同一个地点停下或突然走动，甚至会改变方向。由于其他交通方式的不可预测性，交叉口对行人构成了最大的威胁。我们经常看到车辆抢在信号灯改变之前加速通过人行横道。

还有一些非正式的人行道路口，比如车辆前往停车场的入口或其他道路中断情景，在这些区域，行人与机动车司机共用人行横道。这些情况会给行人造成困扰，因为他们总是无法预测前方的交通状况。路面高度和材料的变化、坡度与路缘石等，往往有利于车辆而不是行人。

同样，步行路面也可能充满了障碍。例如不必要的路缘石、电线杆、标志牌、基础设施、公用设施以及人行道上其他可能妨碍步行的物品等。其他行人和他们的装备也可能成为障碍。如果人行道不足以容纳行人的数量和多样化的用途，那么步行就会令人感到紧张、烦恼和困难。对于有特定需求的行人尤其如此，比如携带婴儿车、手推车、助行架或轮椅出行的市民。

05.-07. 日本东京，中国香港，澳大利亚墨尔本。方便过街是城市出行最重要的细节之一。

05.

06.

07.

下文以世界各地城市的为例，介绍了应对部分挑战的一些简单解决方案。它们的共同之处在于都是简单、低技术含量的解决方案，便于操作并且能够让行人的生活变得更轻松。

中央隔离带

有红绿灯和涂色隔离带的人行横道，是道路安全的象征。然而，对于每天要频繁过马路的行人而言，这种解决方案不够灵活，甚至不够方便。重要的是街道应该满足有不同需求和行为的人口的需求。人们需要能更自发、更便利地过马路，而不是只能在人行横道过马路。

在街道上增加中央隔离带能够显著改变行人与车辆并存的方式。中央隔离带告知机动车驾驶员，他们正在与行人和骑行者等其他类型的使用者共享道路。这种变化可以改变每个人使用街道空间的方式，并改变街道上的行为、流量和车流速度。这种设计形成一种鼓励步行的环境，并培养行人和机动车共存的文化。

中央隔离带使行人可以随时随地相对轻松地过马路。行人单次过马路需要跨越的车道更少，可以一次只应对来自一个方向的车流。中央隔离带的重要意义在于，它直接解决了人们的个体的、即时的需求。街道变得更有柔性，街道氛围整体上变得更好。当与街道上的自行车道相结合，中央隔离带为行人增加了额外的停靠点，更方便行人过街。

中央隔离带可以有不同尺寸和形式，以满足不同出行类型的行动需求。例如，隔离带可以有高差，以阻止特定出行类型；或者与街道齐平，使车辆在必要时可以轻松穿过街道。通过这种设计可以控制或限制机动车的移动。隔离带的尺寸可以只有几个鹅卵石的宽度，刚好容纳行人站立，也可以大到足以容纳街道生活的其他要素，例如行道树或自行车停放处等。

01. **丹麦哥本哈根Vesterbrogade。**狭窄的中央隔离带使行人可以按照他们期望的路线，自发穿过街道，即使只有一个方向没有车辆，因为行人可以在中间停留，等到另外一个方向没有车辆时过马路。

02. **伦敦市肯辛顿大街。**宽阔的中央隔离带除了使行人可以更轻松地自发过街以外，还提供了自行车停放处。位于街道中间的这种用途和频繁有行人驻足的场景，改变了驾驶文化。自从设置隔离带之后交通事故得以减少。

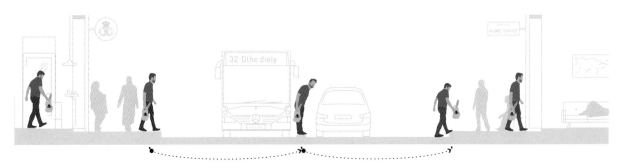

中央隔离带在街道中间为行人提供了一个安全的港湾，使行人过街更方便。

01.

02.

跨越小路的连续人行道

在城市街道的层级中，允许车辆沿更重要的街道不中断通行，并在次要街道或小路上停车让行和减速是合理的。行人交通也应该遵循同样的原则。为什么在一条主干道上的行人，每一条小路都要停下等待，但同一个方向上行驶的车辆却不需要停车？人行横道有时候会迫使行人绕道，放弃自然行进方向或期望线，形成基于大型机动车转弯半径的道路几何形状。在城市环境中，行人的数量远远超过机动车。在街道设计中应该优先考虑谁？

丹麦哥本哈根。 城市环境最简单但最重要的细节之一是：连续的人行道跨越了一条小路的车行道

在哥本哈根、伦敦等城市，通过将人行道设计成连续的路面，并跨越小路，以保证街道设计的步行优先。这种设计将许多小型人行道街区变成了一个长街区。车辆跨越人行道转弯时必须小心行驶，观察和尊重路人，并且始终要为行人停车让行。

重新设计之后的小路人行道以行人优先，改变了交通中路权的平衡。这种人行横道设计侧重于行人，因为机动车成为闯入行人领域的访客。路口是一个简单的变化，但却能对行人在人行道上的通行水平、舒适度和安全性等方面产生巨大影响。

连续人行道可以消除令人讨厌的高差频繁变化，更方便轮椅使用者、手推车和童车、拉杆行李箱、购物车、儿童滑板车和成人滑板车通行。总体而言，连续人行道为行人创造了更舒适、更安全和更愉悦的体验。而且连续人行道避免了在通过小路时等待的时间浪费，提高了行人的出行速度。连续人行道意味着儿童可以独立出行，大幅扩大了他们的日常社交网络，例如在没有成年人监护的情况下自己步行上学、拜访朋友和办事。

这种更安全的出行选择为儿童打开了一个享受自由、学习和体验的全新世界，并且让父母可以有属于自己的空闲时间。

其他示例：
人行道连续从根本上改变了城市环境，抑制了车辆移动，使步行变得更安全、更顺畅和更连续。

01. 丹麦腓特烈堡
02. 丹麦奥尔堡
03. 丹麦哥本哈根
04. 法国里昂
05. 英国伦敦

连续人行道以行人优先。

01.

02.

03.

04.

05.

路缘石扩展带

街角是社区的活动中心。这些由道路相交形成的小型本地交点，创造了许多机会；街角可以作为专门的会面场所，或者仅是行人驻足停留、呼吸新鲜空气和观察周围环境的机会。然而，街角和交叉口可能给行人带来挑战，因为有大量行人朝着不同方向行走，并且有许多人等待过街。

街角的路缘石扩展带为解决这些挑战提供了一种简单高效的解决方案。路缘石扩展带以更加平衡的方式重新分配空间，将人行道拓宽到交叉口。路缘石扩展带为行人等待过街和出行提供了更多空间，为行人确定方向提供了更好的视野，并为与街角的社交或商业潜力有关的本地活动创造了空间。路缘石扩展带可以控制交叉口危险的驾驶行为，并缩短行人过街的距离，进一步保障行人的安全。路缘石扩展带中可以安装街道家具，在行人穿过繁忙的交通干道时提供小憩的机会，并在街道的硬质景观中增加绿植。

01.

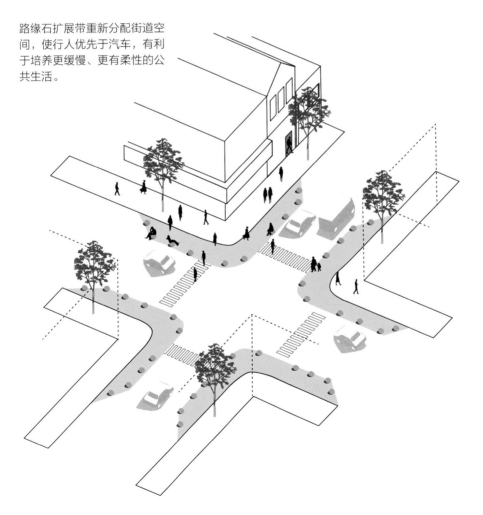

路缘石扩展带重新分配街道空间，使行人优先于汽车，有利于培养更缓慢、更有柔性的公共生活。

01./02. **法国里昂**。街角的路缘石扩展带更方便过街，并通过桌椅等设施形成类似于微公园的空间。

03./04. **阿根廷马德普拉塔**。该试点项目仅使用涂料和临时阻车桩在街角扩展了路缘石。各类街道设备和绿植吸引行人在曾经的车行道上驻足和坐下等待。摄影：Municipalidad de Mar del Plata

05./06. **阿根廷布宜诺斯艾利斯**。粉刷涂料的路缘石扩展带使过马路变得更容易，并鼓励停留活动。

02.

03.

04.

05.

06.

街道的向阳面:
VesterVoldgade，丹麦哥本哈根

在北欧国家，为了将街道从通过性干道改造成行人愿意驻足停留的地方，一种简单的方法是拓宽街道向阳面的人行道。这为行人提供了一边享受晴好天气，一边与所处场所或他人互动的机会。

在哥本哈根Vester Voldgade，街道被重新设计，增加了与附近的功能有关的活动。例如，在学校附近安装了一张乒乓球桌，并在咖啡厅和餐厅附近提供了摆放户外桌椅的空间。

改造前

改造后

远不只步行

街道可能是最重要的公共空间，因为街道就在你的门外。与此同时，街道通常占据城市开放空间的30%。[16] 拓宽人行道或许是改善可步行性和公共生活最简单的方式，这能够为行人创造更多驻足、站立或行动的空间。宽阔的人行道能够为更多的使用者——从漫无目的地并肩漫步的人到急着去某个地方的人——营造了宽容和舒适的氛围。

大部分城市有大量有关机动车的数据，但几乎没有关于行人活动的数据，导致空间分配的决策偏向于机动车。通常情况下，行人获得的空间比例远低于机动车，尽管实际上行人是规模最大的用户群体。在有关街道的作用展开的更广泛的辩论中，可以说行人改善了安全感，帮助打造社区，并增加了本地商业的消费。这些都是川流不息的机动车无法做到的。

人行道中还有一些因素能够帮助行人，使城市环境中的步行变得更容易、更方便，同时能够活跃公共生活。例如，在人行道上设置长凳或椅子非常重要，不仅能鼓励行人的多样性，为他们提供步行过程中的休息场所，还能使行人步行更远的距离。公共座椅还支持停留活动，吸引行人在户外花费更多时间。

同样，售货亭提供了有用的服务，使人们愿意在公共领域停留更长时间。街道上的售货亭除了用较小的面积创造有意义的就业和繁荣的商业以外，还能提升人们在公共领域的安全感。

在公共空间停留更多时间意味着人们更容易感受到街道生活的自发性。在户外驻足、停留和闲坐，有利于社交、结识更多人和建立邻里关系。人们可以即兴决定坐下来晒晒太阳，喝一杯咖啡或者简单的小憩一会儿。

01./02. 澳大利亚墨尔本（左下图）和巴西里约热内卢（右下图）。在中心城区晚上行人稀少的街道上，道路上的售货亭带来了安全感。

01.

02.

整合骑行

与步行类似，骑行也是一种无污染、健康的出行方式，而且极其方便，有时还能令人身心愉悦。骑行成本低廉，几乎人人都能使用。大部分本地日常出行（如去托儿所和学校、去食品杂货店购物、健身等）的距离都相对较短，因此骑行是一种方便实用的出行选择。

骑行可以作为不方便长途步行的人群的出行选择，而且比步行更方便携带更多物品。骑行者可以用自行车载孩子、宠物、购买的商品、运动装备以及其他各种物品。骑行分担负重的好处不容小觑。

骑行者可以轻松调整出行路线。骑行者可以按照自己的速度，全程无缝出行，不需要关心时刻表或者寻找机动车停车位。这种便利性需要付出的成本极低。骑行仅次于步行，是最方便的出行方式之一。

骑行应成为日常生活的一部分。骑行者在人眼视线水平范围内移动，其视角与行人类似，并且骑行者可以成为街道生活的一部分并从中受益。骑行者可以保持与周围的人、场所、活动和自然的联系，而乘坐公共汽车或有轨电车时保持这种联系的难度更大，乘坐汽车则几乎完全不可能。骑行者易于进行自发的互动和参与社区生活；骑自行车去迎接朋友或去商店购物只需要几分钟的时间。所有这些都让骑自行车出行变得更加愉悦。

优质的体验——在出行过程中与邻居保持联系，并成为社区的一部分。经过精心设计的自行车道还能保护行人免受机动车的影响，从而改善步行体验。

与行人一样，骑行者也有不同的类型，每一位骑行者的能力和行为也各不相同。骑行者中既有长途通勤者，也有穿着莱卡骑行服的赛车手，还有老人和邮递员。自行车大小不一，既有儿童滑板车，也有大号货运自行车。还有滑板、轮滑鞋和滑板车等小轮骑行工具。除此之外，电动自行车和电动滑板车也占很大的比例。电动滑板车不仅有趣，还降低了积极出行的门槛；而电动自行车则使更多人可以以更快的速度前往更远的地方，还可以在糟糕的天气下使用，更重要的是令上坡变得毫不费力。街道上需要容纳不同骑行者。解决方案是规划自行车专用道，以方便人们骑着更小、更轻巧的自行车、滑板车或轮滑鞋自在地出行。

有不同需求和不同速度的骑行者。

01. 巴西圣保罗
02. 瑞士卢塞恩
03. 法国波尔多
04. 日本东京

01.

03.

04.

为所有人提供安全骑行：
哥本哈根的自行车道

路缘石　　　　　路缘石

在城市环境中，在机动车流中骑行极具挑战性并且存在潜在危险。骑行者骑在脆弱的自行车上，被庞大的、风驰电掣的机动车包围，或许会感到自身岌岌可危。毫无疑问，哥本哈根的自行车道是在城市空间中整合柔性的自行车出行的最佳典范。自行车道为骑行者创造了安全舒适的环境，使骑行变得更轻松、更具有可预测性。骑行系统简单易懂。骑行者有自己的空间，但仍与街道生活和其他使用者的空间融为一体。

哥本哈根模式是在人行道和机动车道之间规划了专用自行车道。通过只有8厘米高的路缘石将自行车道与人行道隔开，足以使不同区域一目了然。更重要的是，还有相同高度的另一个路缘石

将骑行者与机动车隔开。每一种交通方式各行其道，形成一种简单的秩序感，使每个人都清楚自己应该使用的道路。同样，人们知道汽车不会在人行道上行驶，也不会在自行车道行驶，而骑行者也不会在人行道上骑行。这种清晰的规划意味着避免了最基本的冲突。

保持人行道、自行车道和街道之间的一致性十分重要。自行车道是单向道。直观地看，骑行者与机动车同向行驶，避免了对向交通带来的威胁，以及发生碰撞的致命危险。

由于自行车道紧邻人行道，因此骑行者只有一侧有机动车而不是两侧均被机动车包围，然而后者在其他城市中较为普遍。骑行者真正感知到

01.

02.

路缘石　　　　　路缘石

的压力和危险来自道路上的机动车而不是行人。只需要注意一侧的机动车，使骑行者感到更轻松、更安全。

在哥本哈根模式中，停靠的车辆成为自行车道与机动车道之间的保护屏障。在许多城市，停车位都位于人行道和自行车道之间，这种设计使骑行者和机动车驾驶员所面临的情况变得更复杂，并且带来了更大压力。对于机动车驾驶员而言，在城市环境中停靠车辆已经是驾车出行令人感到压力最大的一个因素，更糟糕的是还要应对骑行者。

如果机动车驾驶员不得不越过自行车道停车，他们在进出空间时必须小心操作，而且在倒车时往往视线受阻，需要探出头观察可能路过的骑行者，这不仅增加了停车的难度，还会阻塞交通，对于骑行者尤其危险。驾驶员停好车后，还必须保证在下车时，车门不会碰到骑行者。哥本哈根的模式将停靠车辆与骑行隔开，可以视为一种"双赢"的策略，使有不同需求的不同出行方式能够并存。

哥本哈根的模式给骑行者带来的另外一个好处是容易起步。自行车道紧邻人行道，方便骑行者直接进入骑行系统。

01.-04. 丹麦哥本哈根。人们一年四季骑行。

03.

04.

法国巴黎。 巴黎的"丹麦时刻"——自行车道临近人行道和临街店面，使骑行者可以自发停靠，从而提高骑行的吸引力。

由于骑行者与首层边缘的人行道联系密切，因此他们能够观察到街道上正在发生的事情，更容易自主停靠。将自行车道设计在人行道旁边，带来了一种名为"丹麦时刻*"的现象。当你早上骑车上班的途中经过面包店，闻到了新鲜出炉的糕点的香气，可以一时冲动，决定下车为自己和同事买一份早餐。

可以轻松进入首层边缘区域，意味着骑行者也是本地商户的优质客户。骑行者购物的频率超过机动车驾驶员，因为他们可以更自主地随时停靠。理解这种行为，对于解决在商店外优先设置自行车道还是停车空间的潜在冲突至关重要。易于停靠能够使骑行者更好地了解社区，并增加社区归属感。

自行车道应当至少可以容纳两辆自行车并排行驶。更好的设计是，能够同时容纳三辆自行车并排行驶，这样在两辆自行车并排行驶的同时，另外一辆自行车能够轻松超车。有些骑行者的骑行速度更快，理解了这个事实能够帮助避免冲突。将城市骑行变成社交机会同样有巨大的价值。骑行聊天使家人朋友可以并排骑车，分享骑行的经历，共享宝贵的时光。父母与孩子并排骑行的机会非常宝贵，这不仅是高质量的亲子时光，还能帮助孩子在城市环境中学习骑车的过程中树立自信。

混合骑行*

步行很容易与其他出行方式相结合，但骑行与其他模式结合的方式却并不明显。然而，将骑行与公共交通组合能够大幅提高出行的速度和效率。

边骑边聊

---

* Danish moment：Danish Pastry，在美式英语中通常被简称为Danish，即丹麦面包，是一种由层压酵母发酵而成、形似羊角面包的常见糕点。"丹麦时刻"引申为经过面包店时，闻到新鲜出炉的面包香气的时刻。——译者注
* Hybrid Cycling：混合骑行，在门到门出行中混合使用其他交通方式。——译者注

01.

02.

01. **法国蒙彼利埃。**有轨电车系统允许携带自行车乘车，实现了高效的组合出行。

02. **丹麦哥本哈根。**所有出租车必须配备至少可携带两辆自行车的自行车架。

例如，如果公共交通能够容纳自行车，你就可以骑行到地铁站，将自行车带上车，从地铁站下车后，可以继续骑行到最终目的地。公共汽车、有轨电车、地铁和火车等公共交通允许乘客携带自行车，使乘客能够结合骑行完成更长的行程，或者完成本来无法骑行的短途行程。甚至配有自行车架的出租车也能帮助骑行者在深夜、遭遇暴风雪、车轮爆胎或者仅仅是太累的时候，将自行车带回家。自行车与其他出行方式相结合的混合出行，使城市出行变得更容易、更方便。

硬件和软件

骑行设计需要从硬件和软件两个方面着手。硬件包括精细化设计的自行车道、管控交通和维持安全的信号灯、帮助骑行者轻松上下楼梯的坡道、在信号灯处更便于骑行者停靠的脚踏装置、提供自行车停车空间以维持秩序、自行车停车处上方用于保持自行车干净的屋顶和顶棚、打气筒和修车店等帮助车辆维护的设施、公共汽车、有轨电车和火车上允许骑行者携带自行车上车以方便长途出行的自行车架。

软件对于培养安全、有活力的骑行文化同样重要。软件包括数据收集研究、宣传和教育活动、学生骑行熟练程度测试、成年人骑行课程、本地骑行规范宣传（如特殊的手势）、执法和街道维护（如铲雪）、组织各种活动以团结和鼓励不同骑行者等。

骑行是一种极其高效、便捷和积极的出行方式。骑行作为一种简单快速的出行方式，方便人们灵活出行，同时为人们提供了参与到底层临街边缘区域的机会，使与邻居偶遇成为一个自然而然的过程。将骑行与街道景观充分结合，同时容纳骑行者的密度和多样性，使骑行可以与步行、机动交通有效并存。

地面公共交通

高效率的公共交通可以减少城市能源消耗和污染。除环境影响外，公共交通在创造社区和更有活力的公共生活方面也起着重要作用。公共交通为人们提供了在相对有限的空间内接触不同事物的重要机会。偶尔听到他人对自己不熟悉的话题展开讨论和发表意见，观察他人的行为和穿着，或者只是靠近陌生人，这些在割裂的世界中都是重要的体验。

当人们沿着街道出行，并融入街道当中，会有更多机会体验周围的环境并与之建立联系。步行和骑行是最有代表性的出行方式，因为我们会更多接触到这些出行方式，但即使乘坐公共汽车或有轨电车时，乘客也是在街道层面移动，车辆会经常停靠，乘客可以看到周围所发生的事情，并感知到实际的距离。当乘坐地铁在地下穿行，坐在汽车里专注于交通路况，甚至在空中乘坐单轨列车时，都无法产生这种与人或场所的联系。地面公共交通使出行变得更容易，并增加了乘客与场所的联系。你可以更容易确定自己的方向，因为你始终能够根据其他人和活动、你所知道和使用的事物与场所来确定自己的位置。

在乘坐地面公共交通时，还有一种特殊的可能，就是在需要的时候，可以提前一站下车或继续到下一站下车，这增加了人民对社区资产的熟悉度。

01./02. 瑞士伯尔尼。有轨电车和公共汽车等人眼视线高度的出行模式，提供了与他人接触的机会——有问题可以咨询司机。

03./04. 哥伦比亚波哥大和法国史特拉斯堡。沿着街道在人眼视线高度出行能够观察到忙碌的路人，帮助乘客建立与社区生活的联系；帮助人们在看到周边场所后可以确定自己的方向；让你在日光下看到树木，感受当地的天气，帮助建立与大自然的联系。

01.

02.

03.

04.

人行道作为站台

　　将人行道作为站台，更方便使用公共汽车和有轨电车。人行道与公共汽车或有轨电车之间只有一步之遥，因此方便上下车。这种设计确保了有不同需求的市民能够轻松使用公共交通。有轨电车和公交车采用低底盘车辆，更方便婴儿推车和助行架、行李箱和购物袋等日常装备上下车。

　　另外，从人行道上可以直接使用公共交通，这为市民提供了更大的自由度和自发行动的可能。市民在步行时可能看到公共汽车即将进站，于是在最后一刻决定跳上公交车，以节省时间、体力或避雨。人行道作为站台，人们可以近距离接触其他人或者保持距离，可以走到几米外有阳光照射的地方，坐在长椅上，喝杯咖啡或买一份报纸，或者跑进隔壁的商店买些必需品。这种安排使人们有机会充分利用上车之前的每一秒钟，因为公共汽车或有轨电车距离街道只有一步之遥。这为人们提供了更多选择，以及有效利用时间的机会，使出行变得更加便利。

01. 德国汉堡。公交车站是街道生活的一部分，距离餐厅只有一两米远。餐厅开着的大窗户也使这种街道关系变得更有柔性。

02. 日本东京。在街道上上下公交车，只要一小步，方便了行动不便的人群，而且街道也变成了一个安全宜人的候车点。

01.

02.

在人行道上设置公共交通站点有一个简单的逻辑。你可以直接看到从任何一个方向驶来的公交车，并且能够直观地判断公交线路的运行模式和上下车的站点。根据候车人数可以直观地判断出下一班公交车的时间，判断结果可能比纸质时刻表或应用程序里提供的官方信息更加准确。

相比于布置在独立的建筑内或位于地下，街道上的公交枢纽允许乘客舒适地坐着候车。这种设计使不同交通方式距离较近，并且允许不同方式之间流畅换乘。这意味着出行选择是可视化的、易于理解的、与周围环境相联系的、能够带来更强烈的安全感，并让你有效地安排时间。

大部分地面公共交通方式（有轨电车、公共汽车、微型公交等）可以利用相同的站点和线路，从而形成一个高效、无缝衔接和高适应性的交通系统。不同交通模式可以为不同人群提供不同的解决方案，满足他们的不同需求。

01./02. 法国波尔多和澳大利亚墨尔本。人行道作为站台，街道作为车站。公共交通方便使用，并成为街道生活的一部分。

03. 奥地利维也纳。从人行道可以直接上下公交车和有轨电车。

04./05. 法国波尔多。在人行道可以直接上下公共汽车和有轨电车。

01.

02.

03.

04.

05.

公共交通作为城市的一部分：
交通枢纽，瑞士伯尔尼

瑞士伯尔尼的有遮蔽公共交通换乘站是公交车和有轨电车枢纽，紧邻中央商务区一家大型百货商店和一座教堂。该交通枢纽是公共领域的延续，使二者在空间或地面上没有区别。

这种情况大幅提高了交通服务的可达性和便利性。理论上，人们在结束购物或礼拜、看完牙医或离开银行之后，只要步行几步、用几秒钟时间就能坐上有轨电车。这种非常简单的解决方案提供了乘坐不同交通方式的选择，所有交通方式都在独特的玻璃屋顶下方，既能遮风挡雨，又不会阻挡日光或观察周围的视线。

枢纽的开放性特征提供了一种安全感，因为内部的可见度较高。街道上还有其他行人，有人在附近的商店，有人在公寓和办公室里注视着街道。此外，可达性高同样意味着在发生令人不愉快的情况或危险时，易于逃离。

单行道与双行道

单行道在20世纪70年代开始流行，彼时单行道被认为是城市区域增加车辆通行能力和流量的简单途经。事实上，单行道使交通变得更加复杂。单行道倾向于以过境交通优先，与社区没有实质联系。

单行道培养出的驾驶文化通常速度更快，难以与其他出行很好地并存。例如，单向行驶的车速过快，会增加了行人过街的难度。骑行者也面临着挑战，即使骑行者可以逆行，但这同样令人感到不安。对于驾驶者而言，单行道使驾车出行变得更复杂，因为驾驶者无法依靠直觉导向，并且必须行驶更长的距离，这反过来增加了车流量、噪声和污染。2010年的一份报告显示，双行道可将出行距离缩短8%-16%，因为双行道提供了更多路线选择，从而减少了不必要的绕行。[17]

在单行道系统里，不同方向的公交线路不能在同一条街道上运行，这意味着人们无法根据直觉理解公交系统。因为公交车站不在下车地点的对面，而是在另一条街道上。

双向车道有助于交通稳静化，这通常能够增加活力、振兴社区，甚至使房地产升值。另外，经过观察后发现，车辆行驶速度放慢对本地经济有积极影响，因为驾驶者能够发现社区中的商户。

01. 单行道鼓励更快的驾驶速度，同时使导向变得更不合理。行人过街更加困难，骑行更让人望而生畏。对于公共交通使用者而言，单行道所形成的公交系统令人难以理解，因为他们回家乘坐的公共汽车在另一条车道上。

02. 双行道除了使导向变得更加合理，从而给车辆驾驶者带来便利以外，还更好地平衡了不同街道使用者。
双行道更方便行人过街，使骑行更加安全（尤其是当没有自行车道时），并且使公共交通使用者更容易找到回家的公共汽车。

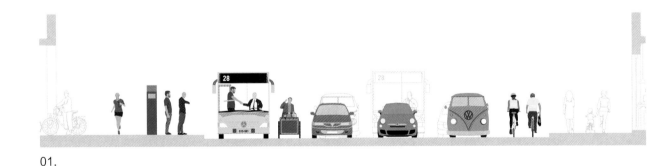

01.

02.

从单行道恢复为双行道：
澳大利亚珀斯

改造前

改造后

澳大利亚珀斯市致力于打造更有活力和更加步行友好的城市，作为该宏大愿景的一部分，该市将多条主干道从单行道恢复成了双行道。将中央商务区两条主干道之一的威廉大街从单行道改成双行道取得成功之后，珀斯市开始着手将全市的主干道全部改造成双行道。

改造内容还包括改善公共领域，包括拓宽人行道、增加街道家具和树木、改善人行横道，以及道路工程改造，例如更严格的机动车转向路口。

珀斯市在启动该项目之前曾大量征集公众意见，并以通俗易懂和富有感染力的方式公布了改造的理由。

"将街道恢复成双行道后，交通会放慢速度，因为街道上容纳了两个方向的交通。"

珀斯市市长丽莎·斯卡菲迪[18]

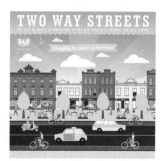

珀斯市发行的宣传改造项目的小册子。

1. 适宜的街道

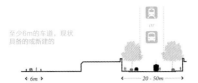

2. 文化遗产与公共用途区域

3. 高度限制

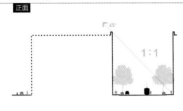

4. 停车

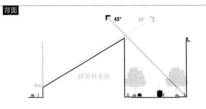

5. 建筑退界

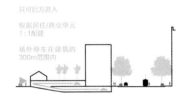

6. 活跃的临街面

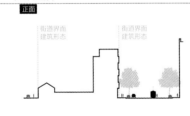

7. 被动监测

8. 自由区域

9. 道路

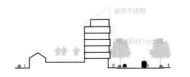

在一页纸上用简单的模式图解释规划要求。
插图：史蒂夫·索恩，拉尔夫·韦伯斯特，西蒙·戈达德，墨尔本市

围绕既有基础设施增强开发密度：
"线性巴塞罗那"，澳大利亚墨尔本

"我们处在一个有趣的时代，可持续城市的驱动力与宜居城市的驱动力相同，即混合使用、连通性、高质量的公共领域、地方特色和适应性。当这些特征像在巴塞罗那样融合在一起时，他们提供了可持续性、社会福利和经济活力。这类城市减少了对驾车出行的需求，降低了能源消耗和排放，使用本地材料，支持本地商业，并形成了可识别的社区。"

罗布·亚当斯，《改造澳大利亚城市》，2009[19]

在现有基础上发展常被称为"线性巴塞罗那"（Linear Barcelona），《改造澳大利亚城市》（*Transforming Australian Cities*）是墨尔本市议会下属团队开展的一项研究报告，该团队由墨尔本的城市设计负责人罗布·亚当斯领导。报告提出了一种战略开发模式，即基于现有的基础设施，在保留社区人本尺度的同时逐步提高城市的密度。这种方法旨在不对外扩张的同时适应增长的人口。报告显示了墨尔本如何在使用7.5%的已开发土地、对剩余92.5%的土地不进行开发的情况下实现人口翻倍。在7.5%的已开发土地中，有3%位于地面公共交通路线的沿线；3%在火车站周边；1.5%属于棕地。[20]

01.

02.

这个想法很简单：围绕现有公共交通进行更高密度的混合用途开发，加快审批适当的规划申请。墨尔本市拥有全球规模最大的有轨电车网络以及市郊铁路网，这种模式得以实现。

该市在一张A4纸上用九个简单的图示总结了恰当的开发方案。基本上，"线性巴塞罗那"允许在既有的主干道和车站周边建设不超过6-8层、拥有活跃首层空间的临街公寓（典型的欧洲或巴塞罗那建筑类型，并因此而得名）。

研究认为，中低层建筑运行所需要的固有能源更少，因为居住在步行可达层高的建筑时，楼梯取代了电梯，而且可以通过手动打开窗户实现被动式通风和制冷。此外，首层能够形成更怡人的微气候，因为没有高层建筑造成的令人不快的风湍流。

从最开始就明确高度限制，更容易确定土地价值和设定实际价格。这有利于推进项目进程，因为开发商不会等待，或许还会贪心地希望提高建筑的高度。

简单清晰的规则支持逐个地块或逐个地产项目增加密度。这种方法有利于小型开发商，包括现有的地块业主、本地家庭和商户以及本地的小型建筑公司。这些开发商可以按照各自的方式，依据自己的风格和品味进行独立开发。这种多元化的方式带来了多种不同解读、经济模型和具体的建筑解决方案。更多的、更小的项目形成了更广泛的经济基础，可以雇佣更多样化的建筑师，并且有望容纳不同住户。

邻里区域

楼梯建筑的人本尺度也是一种邻里尺度。开发项目规模与周围郊区风格的住宅相适合，其中大部分为单层，因此很少或者没有遮挡阳光或阻挡视线的情况。这种尺度的高密度开发对于住宅较小的邻居来说是有利的，可以让他们有机会住在花园中的独栋单层住宅，在步行距离内享受到城市的福利，如公共交通、购物、服务和其他体验等。

周围的低密度区域平衡了交通性主干道旁的高密度。其理念是，随着本地主干道旁的高密度开发，两侧其余的低层花园郊区会得到保护，实现交通稳静化和区域绿化。这些绿色郊区稳定性强，能够通过太阳能和风力发电实现能源自给自足，并且随着绿化增加，尤其是树冠和生物多样性区域的增多，将改善动植物的栖息地。水敏性城市设计，包括收集雨水和废水以及本地废水回

03.

04.

收再利用，能够减轻现有基础设施的负担。这些"城市后花园"总体上可减少热岛效应，有助于净化空气，成为城市绿肺。

利用现有基础设施

利用现有基础设施具有节约经济成本和环境成本的明显优势。街道基础设施和水、电力及通信等公用事业已经到位。商店、服务业等社会与商业类基础设施也已到位。现有公共交通使用者增多意味着可以投资更好、使用更频繁的服务。更多顾客意味着商店通过提供更新鲜、品类更丰富的商品，能够增加营业额。对于城市而言，这意味着人口更加集中，有更多的人纳税以支持为大众提供的服务。因此，这种类型的高密度开发可以造福所有人。

多重并置

与大型新开发项目不同，线性巴塞罗那创建了一种新旧建筑并存的自然情景。大量独立单体项目意味着会出现多重并存的情景，形成了新旧建筑并存、翻新建筑和荒废建筑并存、

低租金建筑与高租金建筑并存的城市动态，这意味着初创公司和快闪店可能与连锁商店和成熟企业并存。这种多样性是互惠互利的，它是一种社会经济生态系统，使人们可以接触到各种各样的人，拥有不同的体验。

将街道升级改造成公共空间

与此同时，新开发项目可以产生收益，用于投资改善街道景观：更高质量的路面使行人通行环境得到改善，并提供了更多的行道树和水敏性植被、交通稳静化处理、更好的自行车道和有轨电车站。更好的细节处理和材料、街道家具与景观，反过来又将街道变成了公共空间，使在街道上驻足、坐下和停留变得与通行同样重要，进而可以增加街道使用率。

时间

关于线性巴塞罗那，有个特别有趣的特性是时间。这种模式能够通过降低规划和建设的难度从而加快开发过程的价值。该模式还意识到了随

01. 现状很有代表性的，在郊区主干道有临街低层建筑。

02./03. 填补新的混合用途建筑，普拉兰。

04. 经过升级改造的街道景观新增了公共座椅，普拉兰。

着时间的推移逐步发展的好处，这样可以与本地居民的生活节奏保持一致。

在短期内，线性巴塞罗那降低了项目启动的难度。通过设定限制，能够保证即使更大体量或更高的建筑不被允许建设，土地所有者或开发商也可能会愿意参与其中。这些限制使本地居民确信，他们将得到保护，不会受到划定区域以外的零散或偶然开发项目的影响，因此没有必要反对规划申请。通过一页简单直接的规定，开发商可以非常清楚地了解哪些是可行的。通过符合这些要求的规划系统快速审批项目，意味着项目能够更快启动。

只有新建筑的大型开发项目需要精确的时间并且会造成巨大破坏。但与这类项目不同，线性巴塞罗那项目是由一个个项目、逐年推进完成的，周围社区或多或少能始终维持正常运行，并逐渐适应和容纳新的变化、新的人口和活动。每一个小项目都有自己的时间表，提前完工或延期完工并不影响整体进展。这种特性可以视为一种时间容忍度。

线性巴塞罗那项目的天才之处在于它建立在现有基础上，通过利用现有资源做更多的工作，发挥更大的作用。它以一种不破坏或损害现有或固有城市品质的方式为城市添砖加瓦，并允许随着时间的推移逐步发展。在这种较高的密度下，新旧建筑并存。这不仅是包容不同的建筑美学或建筑规模所产生的不同视觉效果的问题，而是关于不同类型的活动和人的共存，新的和旧的，公共的和私人的，并排在同一条街道上。

《改造澳大利亚城市》从人的角度出发，探讨了每公顷土地上的人口而非建筑密度。该研究意识到应按照人性化维度，以较小的、渐进的步骤进行开发，使人们能够体验到这样做带来的好处，不仅要建设人本尺度的建筑，还要以人本尺度的速度发生改变。

尽管部分有关尺度及结构的灵感来自巴塞罗那，但在墨尔本近郊，一种新的建筑形式正在形成，这是一种独一无二的、属于自己地方的城市乡土建筑。

这种发展模式对世界上其他许多地方都有借鉴意义，说明高密度不需要高楼大厦也能实现，增加密度可以为更多人提供更好的生活质量。

墨尔本的新城市乡土建筑

"线性巴塞罗那"模式

当前有高质量公共交通服务的低密度街道。

在中短期内，街道可以升级改造，增加行道树、自行车道和街道家具，
并且可以在旧建筑旁边建设首批新建筑。从现有建筑中可以找到新用途。

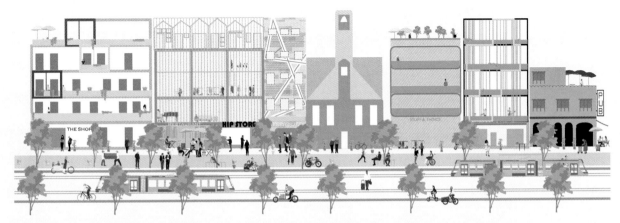

在中长期内，建筑存量可以以本地企业和居民都能参与其中的速度进行更新、密集化和多样化。
随着人口的增加，公共交通的频率可以更加高。

街道的多样性

以人为本的街道不一定必须是步行街。事实上，街道可以容纳不同的交通方式，市民在外出时能够见到邻居，这样的街道反而更有活力。

考虑周全的设计可以帮助街道更好地平衡不同交通方式的空间分配。街道空间的设计，也可以在时间上优先考虑不同使用者，并允许在每天、每周或每年的不同时间进行不同的活动。

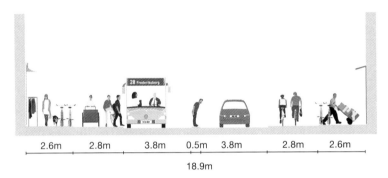

丹麦哥本哈根Vesterbrogade。
繁忙的主干道容纳了多样化的使用者，街道双向都设有自行车道，中间设有一条狭窄的中央隔离带。隔离带几乎与道路地面齐平，以便车辆能在一条半车道宽的车道上通过。

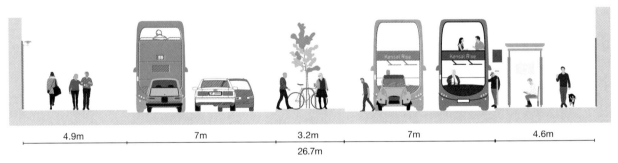

肯辛顿大街，英国伦敦。
街道被重新改造，增设一条宽敞的中央隔离带用于停放自行车，不仅方便过街，还向路人展示了如何使用这条街道——交通稳静化。此前，这条街道在人行道和车行道之间设置了路障。经过改造之后交通事故有所减少。[21]

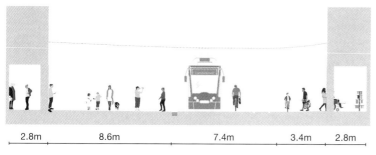

2.8m 8.6m 7.4m 3.4m 2.8m

25m

约瑟夫皇帝大街，德国弗莱堡市中心。
有轨电车及主要的自行车路线穿过步行街。有轨电车、自行车和行人的结
合，需要不同街道使用者之间不断权衡。

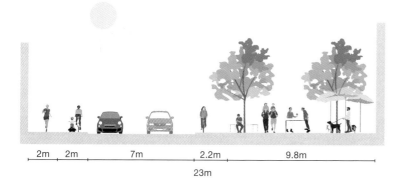

2m 2m 7m 2.2m 9.8m

23m

Vester Voldgade，丹麦哥本哈根。
街道向阳面设有一条极宽的人行道，吸引行人驻足、停留和享受这个空间，
并充分享受宜人的微气候。

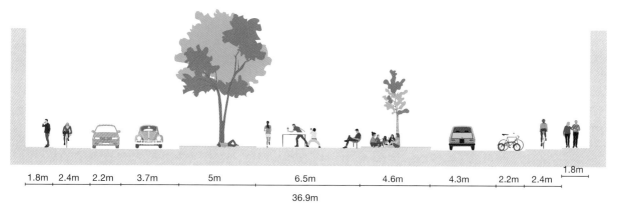

1.8m 2.4m 2.2m 3.7m 5m 6.5m 4.6m 4.3m 2.2m 2.4m 1.8m

36.9m

Sønder大道，丹麦哥本哈根。
道路中间的公园被改造成了兰布拉风格的带状公园，内部设有绿化和各类
户外空间，供人们主动或被动地参与休闲活动。

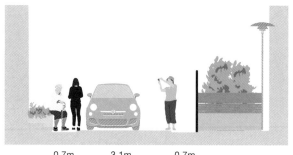

0.7m　　3.1m　　0.7m
4.5m

代官山的一条社区街道，日本东京。
单一沥青路面（除了偶尔绘制的线条）在行人、自行车和
机动车之间谱写了一曲直观的"交通芭蕾舞曲"。

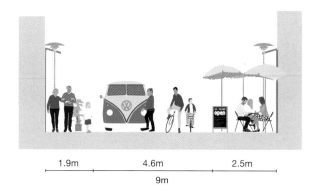

1.9m　　4.6m　　2.5m
9m

Strædet，丹麦哥本哈根。
一条行人优先的街道容纳了机动车和自行车，但条件是必
须尊重行人的休闲出行。

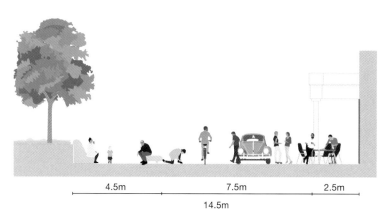

4.5m　　7.5m　　2.5m
14.5m

新街，英国布莱顿。
英国第一个行人优先但同时也允许自行车、汽车和公共汽车的共享空间，
但自行车和车辆需要小心行驶。摄影：Shaw & Shaw

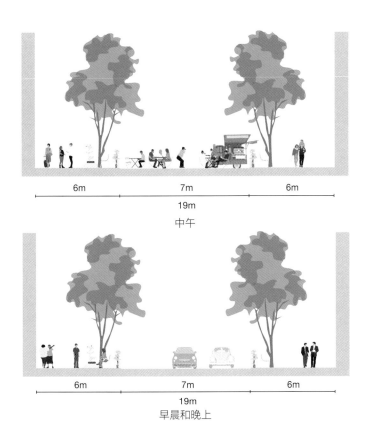

6m　　7m　　6m

19m

中午

6m　　7m　　6m

19m

早晨和晚上

丸之内仲大道（Naka-dori），日本东京。

丸之内仲大道通过拓宽了人行道，增加了行道树、长椅和艺术品使街道柔化，从一处金融区转变为人性化区域。街道在中午有若干个小时禁止车辆通行，为数千名在该区域工作的办公室雇员提供更多的空间。

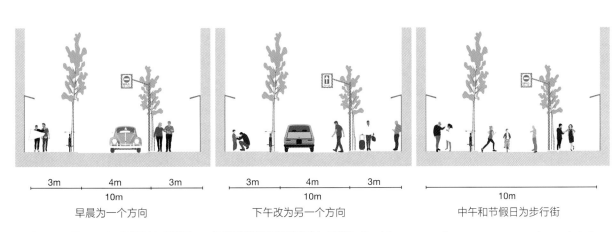

3m　　4m　　3m

10m

早晨为一个方向

3m　　4m　　3m

10m

下午改为另一个方向

10m

中午和节假日为步行街

神乐坂（Kagurazaki-dori），日本东京。

在充满活力的神乐坂社区，本地的主干道在早上为单行道。中午一个小时禁止车辆通行，而在下午交通改为相反的方向。在节假日街道仅限行人使用。

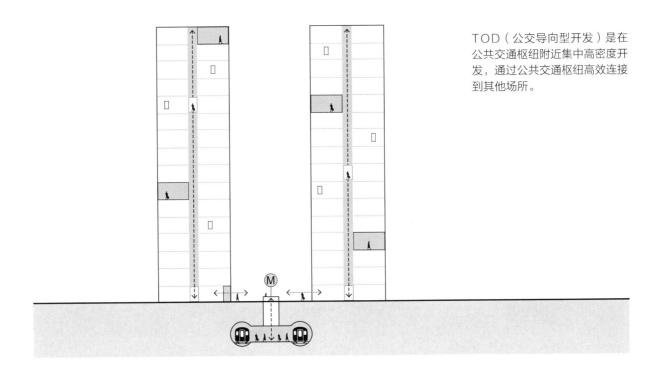

TOD（公交导向型开发）是在公共交通枢纽附近集中高密度开发，通过公共交通枢纽高效连接到其他场所。

在建筑之间出行的每一个瞬间都是人与场所、与地球、与其他人建立联系的一次机会。我们应该考虑那些重复的、综合的出行体验，当你换乘不同交通方式时，这是理想的、无缝出行旅途的一部分：你如何从公寓来到大街上，并在中途去商店；你如何过马路，并与其他交通方式互动；你将如何、在哪里停放自行车；你如何从人行道前往自行车道；你将在哪里、怎样地等公交；你如何乘坐有轨电车；你在出行过程中对社区有什么体会。

因此，城市出行需要一种整体性方法，能够在同一个空间内容纳各种出行方案。与此同时，还需要考虑规模最小、距离最短的行程如何连接和并入规模更大、距离更远的行程。容纳多样化的出行方式意味着提供更多出行选择，使市民更容易在不同环境下出行和自发改变计划，并且使混合出行或多方式出行成为可能。

我们需要认识到人群的多样性以及人们出行时的不同需求和速度。我们需要想方设法容纳这些差异，并且使它们能够并存，这不仅是要优先考虑积极出行，而且在理想情况下，日常出行并不是简单地让你从A点抵达B点。在建筑之间积极出行的时间，使人们有机会与他人偶遇，观察他人的行为，与陌生人一同乘坐公交车，偶尔听他人谈论你不熟悉的话题，重复遇到同一个人，与他人打招呼，以及慢慢结识更多陌生人等。

或许NOT（Neighborhood-Oriented Transit，社区导向型公交）？这种模式更好地连接不同场所，整合中等密度开发的楼梯建筑与适宜步行的邻里环境、骑行和地面公共交通。

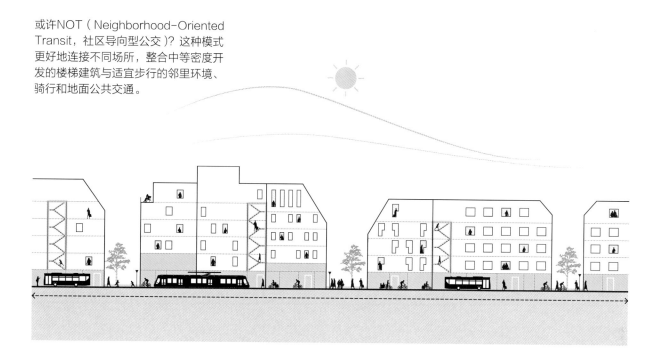

这些体验和意料之外的社交机会，频繁接触不同的人和事，这些偶然的和自发的体验使日常生活变得更有趣。更重要的是，这些体验有助于在人与人之间建立谅解和容忍，可以帮助建设更有凝聚力的社会。

同样，积极出行使人们每天暴露于自然和季节变化中。在户外花费更多时间除了明显有益于健康以外，还能使人们更擅长观察天气、相互学习、观察他人的穿着和行为，并且可以帮助我们更好地适应天气状况。

备受赞誉的公交导向型开发项目利用高效工程设计，将更高密度的建成区域连接到公共交通。通过这种方式可以在人与其他场所之间建立高效的联系。然而，我认为出行真正的挑战在于，更好地在人与他们所处的场所之间建立联系。我们需要的不是公交导向型开发（TOD，Transit-Oriented Development），而是社区导向型公交（NOT，Neighborhood-Oriented Transit）。

或许，这一切最终都可以归结于人们的身心健康，比如新鲜空气、体育锻炼和会面等。孤独和肥胖症日益普遍。建议每天至少步行10000步。每一次日常出行都提供了在户外增加步行、停留和做更多事情的机会，也带来了与他人相处的机会。

出行关键在于行动起来，与他人和睦相处，并享受美好的生活。

千里之行，始于足下。
老子[22]

生活分层

当我们在努力实现城市环境的可持续性和韧性的过程中，是否有可能从自然环境中获得灵感？自然界中，有一些系统能够以可持续的方式容纳密度和多样性，而且事实证明这些系统韧性极强。

森林不仅仅是一大片树木。它还是一个复杂的共生系统，可以在不同规模和环境下维持各种物种的生命。森林为包括植物、微生物、动物和鸟类在内的各种生物提供了栖息地。森林是地球上生物物种最丰富的生态系统之一。

森林的一大特征是其独特的横向分层生活系统。地面的生活不同于树枝上的生活，树枝上的生活也不同于树顶上的生活。这里的现实情况也存在着不同——有的地方背阴，有的地方向阳，有的地方隐蔽，而有的地方暴露，以及介于两者之间的所有事物。这些不同的、分层的微环境使不同类型的生物在同一个地方得以生存，乃至茁壮成长。

不同的树木可能彼此相邻生长。每棵树都创造了属于自己的环境和微气候。树木之间的空间又创造了属于一种两者的独特环境。这样，整体就大于部分之和。

我们从森林中了解到，多样性是可持续发展的关键。当森林受到火灾、风暴袭击或害虫时，它是有韧性的，因为各个组成部分可以以不同的方式做出反应。可能会有雷击，可能会有火灾，可能会有害虫和疾病的降临，不过，即使一两棵树可能会死掉，或者一个物种可能会遭殃，但整个森林仍然可以存活下来。森林展示了不同元素共存的潜力，它所创造的系统里不同群体之间的相互关系让生命可以蓬勃发展。

人工林不同于天然林。人工林里通常只有一种物种，没有分层次的生活形态。人工林的树木之间没有差别，整体和各部分的总和是一

天然林

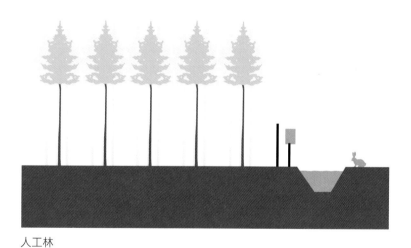

人工林

样的。

从对杀虫剂的需求、暴风雨对其破坏的概率以及严格的防火和防洪措施，我们知道人工林比天然林更加脆弱。

当我读到天然林和人工林之间的区别时，我突然想到建成环境中可能存在相似之处。是否有的城镇和城市像天然林一样具有韧性，而其他城镇和城市更像脆弱的人工林？

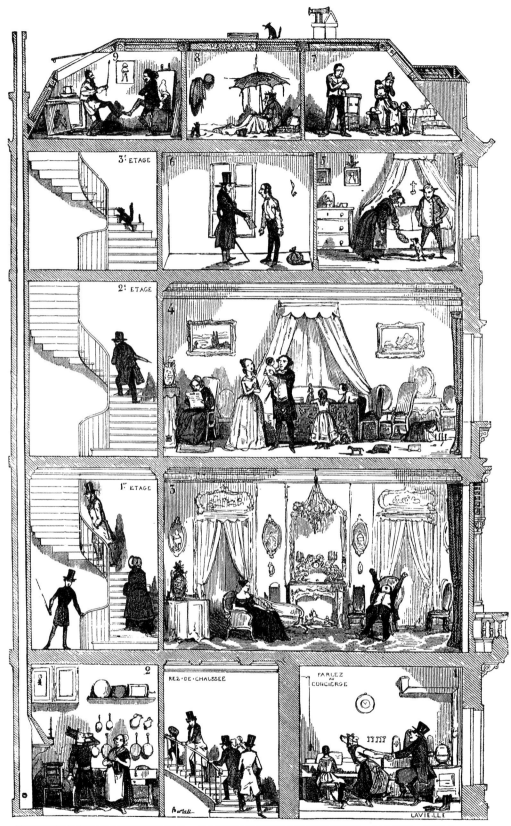

一幢1850年左右的巴黎住宅的横断面，显示了住户的经济水平因楼层而异。（埃德蒙·特谢尔，《巴黎画面》，巴黎，1852年）

在传统的法国公寓楼里看到的不同生活层次与在自然林里看到的没有什么不同。该图就展现了一栋建筑所能容纳的功能、社会和经济层面的多样性。

这位插画家试图通过揭露城市内部结构和人们在经济上的贫富差距来反映社会弊病。然而，可以从另一个角度来解读这幅图。真正重要的是，所有这些不同生活层次的人都居住在一个地址。他们住在同一个屋檐下。走出房门，他们就成了邻居；当他们走到街上的时候，他们就属于同一个社区，并且可以享受到周边的城市资源。

如果这种多样性可以被容纳到一栋建筑中，那么随着这种模式的重复，在一个街区中就可以容纳更多的多样性。因此，具有不同能力、不同需求、不同经济状况、不同背景、不同人生阶段的人都有可能成为邻居。在不断更新迭代的规划中，甚至早在现代主义前，就存在一种试图使人类建成环境变得更整洁的趋势，这通常涉及将不同的人群和用途分隔布置。与法国插画中的人不同，今天经济水平不同的人们通常相隔几公里。

那么自然林与传统城镇或城市有相似之处吗？正如森林不只是一大片树木一样，城市也不只是一大片建筑。对这两者而言，整体都大于部分之和。一个卓越的城市也可以成为一个共生和可持续的系统以容纳多样化的生活。

和树木一样，建筑也有不同的分层——底层是最繁忙和人口最集中的区域，中间层相对平静，顶层位置特殊，像树顶一样，这里是建筑与天空的交汇处。而现代主义规划中的功能分区、社会住宅小区、封闭式社区、商业区和购物中心是否相当于城市中的人工林？

就像森林里的生活一样，城市生活也在不断变化。空间上分层和对比所提供的局部复杂性可以让一个城镇或城市适应和容纳生活不断的变化。

在气候变化时代

与天气相处

绿色屋顶

屋顶露台

落地窗

内嵌式阳

微气候围护结构

凉廊

凸窗

生物多样性

封闭阳台

拱廊

露天平台

随着越来越多的人生活在日益密集的建成环境中，户外活动、接触自然和学会适应四季变换变得越来越重要。与大自然的日常接触是长期健康和幸福的关键。花时间在户外也能让人们有机会结识更多的人，有更多邂逅发生。

每个人不一定都要有自己的花园，但人们应该有机会接触多样的户外空间和体验，比如窗台花箱、屋顶露台、阳台、公园、路边的咖啡馆和林荫大道等。这些空间可以让人们更接近自然，帮助他们更好地与气候共处。

学会在户外生活

北欧国家尽管气候总体上比较恶劣，但人们似乎还是花了很多时间在户外度过，这些国家也在应对气候变化的全球努力中处于领先地位。[23]可能是那些与自然环境更合拍的人们能更好地理解并珍惜自然。

哥本哈根人在雪地里骑车的画面常常让外国人震惊，尤其是生活在气候温和地方的人。究竟是什么原因促使这些维京人骑车呢？事实上，该市的政策是先清理自行车道上的积雪，这意味着一场大雪过后，自行车是第一种可用的交通工具。天气因素只是复杂的生活决策中的一个细节，而节省时间可能是最重要的因素。

北欧国家的孩子一年四季在户外的时间相当长。人们从小就养成了不受天气影响而在户外活动的习惯，这种习惯通常延续到成年。城市的设计需要鼓励一种四季都在户外活动的文化。

在哥本哈根，Brygge群岛的海港浴场向市民提供了海水浴。这个公共设施促成并塑造了一系列原本只在节假日沙滩上才会出现的新行为方式。游泳、野餐、吃冰淇淋和日光浴等现在都是这个城市日常生活的一部分。真正的改变源于清理港口污水以及被污染河床的决定。

在奥斯陆，你可以乘坐装有滑雪架的地铁，从市中心直接到达滑雪场。夏天，你也可以乘同样的地铁去徒步旅行。在你的日常城市生活和户外娱乐活动之间，能通过公共交通建立便捷直接的联系，是一项巨大的奖赏。

学会与气候相处需要有对变化的敏感和对自然的尊重。柔性城市的空间、形式和细节可以为人们以小而简单的方式接近自然力量创造机会，并成为他们日常生活的一部分。

丹麦哥本哈根。夏季和冬季

01. 在海港水体净化后，哥本哈根海港浴场于2002年在中心建立，起初作为临时建筑使用。但它很快成了一个非常受欢迎的聚会场所，建筑也得到了升级，并成为永久性建筑。后来，为了鼓励全年使用，还增加了一个桑拿房。

02. 无论风雨雪晴，70%的哥本哈根人仍然在冬天骑自行车上班。[24]

01.

02.

01.

02.

03.

04.

05.

06.

01./02. 丹麦博恩瑟（Bogense）的一个浴场。这里有浴场码头、沙滩、轮椅坡道、木板路和台阶。木制建筑里有更衣室、厕所和桑拿房。一座建筑的后面是一个嵌入墙里的长椅，它可以为游客遮挡寒冷的北风。

03./04. 哥本哈根阿迈厄（Amager）海滩公园。这是一个人工海滩，全年接待游客和活动。

05./06. 瑞士伯尔尼（Berne）。轻型屋顶结构以适应季节。一个开放的旧工业建筑成了当地全天候的社区客厅。轻型亭子内的餐厅横跨河岸，凸显了餐厅与自然的联系。

07.

07. 法国巴黎。在塞纳河岸边，舒适的休闲家具成为城市海滩"Paris Plage"的一部分。

延长夏季：
哥本哈根的咖啡馆文化

当桌椅首次出现在哥本哈根的人行道上时，人们认为适宜户外活动的季节很短，不会超过几个月。与南欧城市相比，丹麦的夏天很短，南欧城市的路边咖啡馆更为常见。但哥本哈根的咖啡馆老板和顾客发现，即使天气不太好，坐在外面依然很惬意。许多咖啡馆都配备了毯子和雨伞，有的还增加了加热灯（可持续性可能不是很强）。

城市的户外咖啡馆许可记录显示，随着户外活动季节的延长，咖啡馆桌椅的数量也在增加。

人们随着闲暇时间的增加而改变行为，也学会与天气相处并充分利用天气，哥本哈根户外咖啡馆的故事就是其中的真实写照。

丹麦哥本哈根咖啡馆的椅子数量[25]

2970	4780	7020	7820
1986	1995	2005	2015

让风和光进入室内：
自然光和通风

我们大部分时间停驻在建筑里，而与大自然亲密接触正是始于这里。室内充足的自然光线和新鲜空气对我们的健康和幸福至关重要。自然光是无可替代的。自然光的动态特性可以激发眼睛和大脑功能。自然光可以提高工作效率和教育表现，也有助于医疗保健方面的康复和痊愈。[26]

自然通风和采光也是建筑设计时需要考虑到的两个最明显的节能特点。美国三分之一的电力用于照明、制冷、供暖和通风。

现代主义建筑通常会让阳光直接照射到建筑里，但设计往往是非常单一的。日照测量采用定量方法，基于一天中特定时间段的阳光直射，通常是住宅的正午时间。但是基于正午日照进行设计是有问题的，因为这个时间人们通常不在家。此外，某些气候条件下，阴天比晴天更常见，而且穿过云层的光线与阳光直射完全不同。对日照的要求也很复杂，而且根据一天的时间和室内活动的不同而有所不同。多样化的日照（和通风）条件可以在邻近范围内潜在承载不同活动，这正是高密度、多功能的环境中所需要的。

一个空间的采光不仅要看有多少光线，还要看光线的质量。例如，来自多个方向的自然光对于人在建筑内部的体验非常重要。克里斯托弗·亚历山大在《建筑模式语言》中第159种模式语言中强调了"每个房间要两面采光"这一点。当更复杂的光线出现时，光线的质量和人的体验是截然不同的，它会影响你如何解读情绪和观察面部表情。[27]

楼层较低、进深较浅的建筑尺度较小，从两侧甚至从上方获得自然光的可能性就越大。这些维度为设计师提供了充足、高质量采光的选择。小型的建筑意味着像楼梯、门厅、浴室、壁橱和走廊这样的流动空间可以有自然光线和通风。有自然光和通风的楼梯更能吸引人们使用，节约能源，帮助人们更好地连接室内外。

01. 瑞士伯尔尼（Berne）。一个简单的平开窗，把外面的风景带到室内。

02. 瑞士伯尔尼（Berne）。公寓楼梯里宽敞的窗户与外面的生活连通起来，让走楼梯成为相较坐电梯更愉快的选择。在夏天，窗户与楼梯的狭窄空间结合起来，提供有效的自然通风。

03. 日本东京。一扇可折叠的窗户将咖啡馆变成了一个内外互通的空间。

01.

02.

03.

　　较低的建筑相应地有更多比例的顶层，并带有天窗。一个天窗可以透过的光线比相同玻璃面积的普通窗户要多。

　　垂直玻璃只能在建筑物内6米（约20英尺）的范围内有效。因此，如果进深超过12米（约39英尺），自然采光就会受限。较小的建筑尺度也可以使自然光线和通风进入浴室、壁橱和储藏室等次要空间。这不仅体现了节能理念，也代表了在这些实用空间中体验到的生活质量。我们经常看到楼层很高、进深很大的建筑、卧室和厨房等主要房间没有设计窗户。

　　自然通风比人工通风（如空调）更便宜（基本免费），而且节省了不必要的排放和能源消耗。在美国，一个装有空调的家庭每年会产生两吨二氧化碳。在美国5%的电力用于运行空调。[28]自然通风便于使用者控制，并能更好地将人与外界连接起来。机械通风设备的安装、维护和运行成本很高，而且会加重哮喘和过敏，并产生烦人的噪声。此外，许多人发现空调房间的寒冷感让人不舒服。

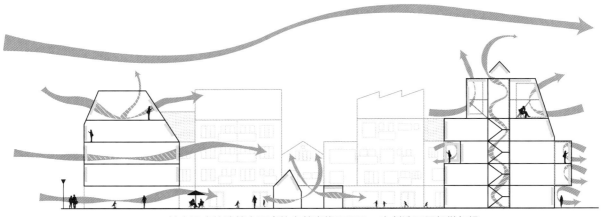
较小尺度的建筑有更多的自然光线和通风，也创造了局部微气候。

有一些简单的方法可以实现自然通风，这些方法在较小的建筑中更容易实现。其中最好的办法是空气对流，即空气从一侧进入，从另一侧排出。房子两边的温差造成空气流动。建筑立面上的凹槽和凸起，如凉廊、凸窗和阳台等，形成了背阴和微小但显著的温差，从而刺激了空气流动。

庭院、天井和采光井形成了不同于周围街道和广场的微气候，由此产生的温差促进了自然通风。即使是公寓房间布局的每个细节，如门的位置，或者一个房间有多个门，都可以更好地促进空气流动。

01. 瑞典马尔默（Malmö）。多个方位或顶部的自然光极大地改善了家庭、工作场所和商业空间的室内生活体验。
02. 日本东京。
03. 澳大利亚悉尼。

01.

02.

03.

可以打开窗户的办公楼：
澳大利亚墨尔本CH2

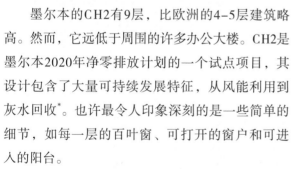

摄影：戴安娜·斯内普

墨尔本的CH2有9层，比欧洲的4-5层建筑略高。然而，它远低于周围的许多办公大楼。CH2是墨尔本2020年净零排放计划的一个试点项目，其设计包含了大量可持续发展特征，从风能利用到灰水回收*。也许最令人印象深刻的是一些简单的细节，如每一层的百叶窗、可打开的窗户和可进入的阳台。

CH2的另一重要特征是，中央商务区成功实现了一个大型办公场所的落地并与周围环境融为一体，活跃的首层临街面为商铺和餐馆，大堂只占据了底层宝贵空间的一小部分，以形成连续的街道景观。

---

* 灰水回收，指将储灰场澄清的输灰水输送回发电厂重复使用的过程。——译者注

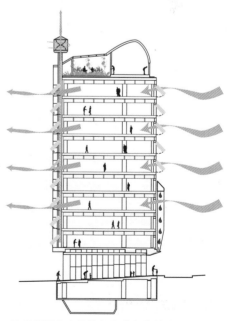

CH2利用大自然的力量进行自然降温和通风

门窗

门窗可能是所有建筑元素中最重要的。除了在建筑立面上形成的图案，以及为建筑带入的空气和自然光之外，门窗也可以更好地连接室内室外，有时甚至会将两者合为一体。门窗可以促使我们花时间在建筑的边缘空间停留，改善我们与外界的关系。因此，窗户最重要的不仅仅是外观，还有其功能。

许多传统和现代的窗户类型都具有加强室内外联系的特点。凸窗、飘窗、眺台从建筑立面向外凸出，可以捕捉来自不同方向的更复杂的光线。这些凸出的窗户也呈现了更好的视野并与外界连接。

当防风门、百叶窗和防护网叠加在一起使用时，门窗能自发地适应当下的环境和社会需求，发挥更大的作用。

像落地窗一样高大垂直的窗口，提供的景观包括三个重要的组成部分：天空、有建筑和树木的城市环境所处的中间地带以及人所处的地面。天空和云告诉你天气怎样，不断变幻的光告诉你一天的时间。临近建筑的窗户在夜晚亮起来，表明有人居住，风中飘舞的树叶将你与天气和季节的变化联系起来。看到人们在城市来来去去，这与日常生活息息相关。

落地窗——一种垂直的窗口，透过它可以看到天空、周围的树木和建筑，以及地面上的人。

01. 西班牙巴塞罗那。一个窗台酒吧，让用餐客人可以临街而坐。

02. 英格兰伦敦。一个迷你凸窗，让用餐者坐在街道空间享受充足的日光。

03. 西班牙哥多华（Corboda）。窗户外的金属网提供了一个柔性界面，窗户可以打开，室内的声音和气味可以散到街上。遮光窗帘和植物增加了额外的层次。

04. 瑞士卢塞恩（Lucerne）。餐厅有一个宽敞的开口，宽敞的窗台让人们可以坐下来，将一点街头生活气息带到室内。

05. 墨西哥墨西哥城。大窗口将咖啡馆延伸到街上，同时创造了一个围绕小桌子的微空间。隔壁裁缝店的整个门面都向街道打开。

06. 日本东京。树梢高度的窗户令在这家店铺走楼梯都成为一种乐趣。

07. 瑞典马尔默（Malmö）。与人眼视线水平的窗口方便和邻居交谈。

01.

02.

03.

04.

05.

06.

07.

感应式百叶：
巴塞罗那的百叶窗

01.

02.

经典的巴塞罗那窗户是高高的垂直开口，从地板延伸到天花板，带有一个狭窄的阳台。窗户包括两个基本要素：一对向内打开或向侧面滑动的内玻璃门，以及一对外部百叶窗。内部玻璃门打开不占任何室内空间。打开窗户后，整个房间就变成了一个虚拟阳台，给人一种户外生活的绝妙感觉。

巴塞罗那窗户的迷人之处在于，它提供了似乎无穷无尽的遮蔽，阻隔、过滤着室内外之间的联系。

在外面，两个百叶窗对折成较小的面板，每个较小的面板又有两到三套独立的百叶窗。这些

百叶窗可以完全关闭，成为传统的全关闭状态的百叶窗，也可以向上、水平或向下倾斜。通过这种方式，百叶窗在室内外之间形成了高度复杂和可调节的过滤，使调整声音、光线、空气与街道的视觉关系成为可能。

玻璃门和百叶窗的无限组合使得在保护隐私的同时也实现了采光和通风。因此，窗户可以被看作是一种节能装置，既可提供可调节的隔离，又可以不使用任何能源进行降温。

巴塞罗那窗户非常直观且易于使用，它能立即对独特而精确的环境、用户需求做出响应。

03.

01./02. 巴塞罗那街角的两栋
建筑对气候做出了截然不
同的响应。传统的百叶窗
为里面的用户提供了方便
和无限的使用可能。现代
化的窗户设计缺乏灵活性,
不能满足个人的需求。

03. 六种不同情形下的玻璃门
和百叶窗。窗户和折叠百
叶窗的简单组合为过滤光
线、空气和声音提供了无
限组合的可能。

01.

02.

03.

05.

04.

当代对百叶窗的诠释是具有高度响应能力的低技术解决方案，将光线、空气和噪声过滤到城市环境中。

01. 西班牙巴塞罗那
02. 法国里昂
03. 瑞士巴塞尔
04. 德国弗莱堡
05. 澳大利亚墨尔本

实用灵活的过滤器：
爱丁堡前门

在苏格兰爱丁堡，传统的门包括一个厚重的户外防风门和一个较轻的室内玻璃门。在两者之间有一个玄关（可以储藏书籍，放置外套），这部分空间作为一个综合的气候过滤器，可以满足使用者多样化的日常需求。两道门之间的热缓冲区域意味着在寒冷的天气里进出时有更好的保温效果，减少热量损失。

玄关还可以存放户外服装和设备，如雨衣、胶靴和雨伞。

防风门上方的气窗可以让自然光在防风门关闭时进入门厅。内部玻璃门可以使用带图案的玻璃或不透明玻璃，甚至是窗帘以保护隐私。两扇门，一盏灯，也许还有一层窗帘，提供了与街道不同程度的连接。门和窗帘的各种开启组合，以及灯是开是关，都是街道的行为规范。防风门和玻璃门都可以完全打开或完全关闭，或微微半开，或锁上或不锁，从而形成多种组合。这些排列组合可以传达出对社交的开放程度。

开放程度的表达还可以增加安全感。尤其是在晚上，如果街道上的灯开着或门开着，会让人感觉更安全。同样，有灯光的玄关可以给人一种家里有人的感觉，潜在降低了入室盗窃的可能性。

最近的室外空间

门窗之外，接下来就是可以让人在建筑边缘停留的辅助设施和空间。在底层，主要是入口附近的空间，以及沿着建筑外部边缘可用的混合空间，如门廊、走廊和拱廊；在楼上，主要是阳台、凉廊、露天平台和屋顶露台。

促使人们在建筑边缘空间活动的一个最简单的细节是将屋顶的设计凸出建筑边缘。典型的例子是传统的日本房屋，它有悬挑的屋檐。这个细节使得人们可以在室内外之间徘徊。有了屋顶或屋檐，在下雨或天气变化莫测的时候，你可以在户外待上一段时间。不必急着进去，也不必急着出来。你可以和天气之间保持更轻松的关系。你还可以把家具、设备或衣服等放在室外，而不用担心它们会被淋湿。这听起来可能简单平庸，但这种便捷的方式可以实现很柔性的室内-室外生活，并与天气协调一致。

建筑外部底层、出入口附近或周围的边缘地带可以给你一小片私人空间。它将公共生活和私人生活紧密地联系在一起，并促进人们相互之间的相遇，从而形成社区。有时候，根本没有私人空间的边缘，但是不知为何，勇敢放上盆栽植物或者需要时搬把椅子在外面坐坐，这些拓荒行为就可以占据私人空间的边缘区域。

01. 日本东京。15-30厘米（约6-12英寸）的空间足够在这块边缘区域建造一个三维花园。注意，当推拉门、竹门帘，以及竹制遮光帘和悬挂的植物结合使用时，形成了室内和室外之间高度个性化并具高度响应能力的过滤器。

02. 丹麦哥本哈根斯鲁霍尔门（Sluseholmen）。90-150厘米（35-60英寸）的空间可以放一辆婴儿车或者一张桌子、几把椅子和一些植物。这些独立的元素形成了一面保护墙，标志着从私人空间到公共空间的转变。

01.

02.

10-15厘米（4-6英寸）

在建筑边缘10-15厘米（约4-6英寸）的空间里，可以放一排盆栽，一个室外烟灰缸，还可以让猫在这里休息而不受打扰。

15-50厘米（约6-20英寸）

在15-50厘米（约6-20英寸）的空间里，可以放更大的盆栽，停放一辆自行车，也许还可以放一条狭窄的长凳。

50-90厘米（20-35英寸）

在50-90厘米（20-35英寸）的空间里，可以设计一个小遮阳篷或小屋檐，从而保护你不受恶劣天气的影响，并且在你进出门的时候提供一些缓冲。这块边缘区域可能足够让门半开着，也许你还能在外面放一把小椅子。

90-150厘米（35-60英寸）

在90-150厘米（35-60英寸）的空间里，你可以安排一块种植区，放一张小桌子和两把椅子，空间允许将婴儿车侧着放，或者放两辆自行车。

150-180厘米（60-70英寸）

在150-180厘米（60-70英寸）的空间里，你可能会安排一张可以完全围坐的桌子，或者一张躺椅。让你感到舒服的辅助设施越多，你就越有可能花时间在户外和你的邻居交往。

简单的绿化

建筑的边缘也是生机盎然的地方。当微气候合适，可以保护动植物生长时，动植物就可以在城市环境中茁壮成长。在传统建筑里种植大量绿植，无需复杂的垂直绿化系统，只需简单的措施和细节，如花盆、金属丝、棚架和简单的金属或木制框架。

阳台和室外楼梯这样的空间是种植绿植的理想场所。这样可以增加城市的绿色空间，也增强我们的感官体验。我们的身边不再仅仅是灰色混凝土和人流车流声，我们还会看到绿色，随着季节变换观察树叶的变化，听到树叶在微风中作响。这些大自然的元素对我们的幸福至关重要。这个看似不起眼的绿化层为昆虫和鸟类提供了栖息地，并支撑着当地的生态系统。它不仅为建筑增添了自然之美，还有助于建筑的保温和降温，净化城市空气，缓冲噪声，保护隐私，减少热岛效应。

从地面开始，可以先沿着建筑外边缘种植植物。在瑞典的隆德，人行道边缘铺着松散的鹅卵石，居民可以直接接触到土壤，在街边种植植物。这个简单的细节让居民有机会在家门口种上植物，这既给街上的行人一些回馈，同时在街道和建筑之间形成一个微妙的缓冲区。可以用小型的金属保护架或金属线将这种街道边缘的植物架起来，让他们沿着建筑立面向上生长。松散的鹅卵石形成的可渗水表面也有助于缓慢过滤雨水，所以通常生长在建筑边缘的植物不需要浇水。沿街种植的这些自然而适度的植物也提醒人们，人行道下面有肥沃的土壤。

最简单的细节可以让植物在城市环境中茁壮成长。

01./02.瑞典隆德。通过移开松散铺设的鹅卵石，居民可以在街边种植植物。

03.德国弗莱堡。混凝土立面上简易的金属丝让第二层植物得以生长。

04./05.法国巴黎。巨大的花盆沿阳台摆放。

06.瑞典斯德哥尔摩。常春藤覆盖了整栋建筑的正面。

07.德国弗莱堡。凉廊金属架上的绿色植物。

01.

02.

03.

04.

05.

06.

07.

门廊、走廊和拱廊

门廊和走廊是非常有用的空间，位于门外，非常方便，而且有自己的微气候。门廊是一处用于社交活动的室外空间。作为一个过渡空间，门廊在住宅的私人空间和街道的公共空间之间起到重要的缓冲作用。门廊和走廊是相对廉价的额外空间，对较小的住宅尤为重要。它们创造了社交环境以及与街上的人接触的机会。由于各自的空间归属很明确，因此门廊里的居民和路人都可以非常舒适的互动。在北美，经典的前门廊是促成邻里行为的一种极其重要的文化现象。

门廊或走廊升级的公共版本是拱廊或柱廊。在高密度的城市环境中，除了提供额外的人行道空间外，这种简单的建筑类型为人们的活动和停留创造了受保护的户外空间。在拱廊提供的受保护空间里，可以进行正式和非正式的活动。拱廊还可以在烈日炎炎时遮阳，在风雨交加时挡风遮雨。最重要的是，拱廊可以促进各种社交，找到个人舒适的最佳状态，人们可以在其间徜徉或倚靠在柱子上。

01. 新西兰阿卡罗阿。在主街商铺前的人行道上搭起一个简易屋顶，提供了遮阳和避雨的空间，商品也可以陈列在外面，并促使行人逗留。

02./03. 澳大利亚悉尼和墨尔本。超市向街道开放，形成了柔性的室内室外过渡区域。在这个引人注目的空间里，商店的正前方设置了咖啡馆/酒吧功能，邀请人们逗留而不是匆忙离开。这种情况在杂货店购物时很常见。

04./05. 巴西圣保罗。一家咖啡馆"门廊"空间的两种视角——由内向外和由外向内。露台上的玻璃盒子与街上的树和人行道融为一体。一条可移动的长凳形成了一面朝向人行道的墙，同时，也在小桌子和在边缘徘徊的顾客之间创造了一个模糊的柔性空间。

01.

02.

03.

04.

05.

阳台、凉廊和露台

门廊和走廊等底层混合空间之所以便利是由于其与室内房间的关系，你可以通过这些空间直接进进出出。如果楼上有露台、阳台、露天平台、凉廊和屋顶花园，这种便利性也同样存在。即时性和便捷性对于提高其使用的可能性至关重要。因为楼上更为安全，所以可以把物品放在室外，门窗开着（或者至少不上锁）。这对通风来说很重要，便于宠物活动以及孩子们玩耍，人们在室内外进进出出也更加自然和自由。此外，楼上的室外房间比底层的房间更隐蔽，可能会促成更私密的着装习惯和行为，比如日光浴和晾晒衣物。

成功的阳台式空间的另一个重要特征是一定程度的围合结构，以提高私密性和挡风功能。通过凹向建筑体内或使用挡板做保护，空间可以变得更复杂，从而使这种外部空间在相当长的时间可以使用，并且有更广泛的用途。百叶窗、推拉门和屏风都可以用来对这样的空间进行调整，使其更符合使用者在不同时间的精准需求。

然而，同样值得注意的是，高楼层的公共或共享户外空间往往用处不大，可能是因为公共和私人空间之间缺乏缓冲，而且空间的归属也不明确。

01. **德国弗莱堡**。装有推拉式木质百叶窗的凉廊。

02. **法国里昂**。阳光房，玻璃构造，窗户可以推拉，也可以通过百叶窗打开。

03. **瑞典马尔默**。带有可折叠无框玻璃面板的玻璃阳台，可以实现从冬季花园到全开放式阳台的各种组合。

04. **瑞典马尔默**。凸窗和阳台的组合为在建筑边缘消磨时光创造了多种选择。

05./06. **法国里昂**。凉廊上可折叠的百叶窗提供了多种开关的方式。

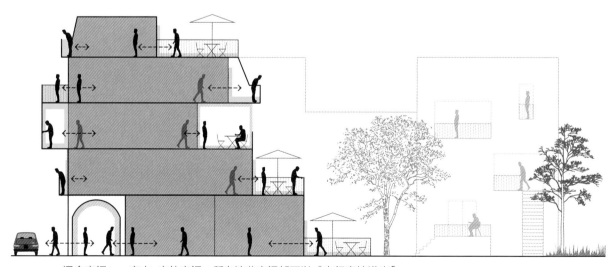

混合空间——室内-室外空间，所有这些空间都可以"步行直接进出"。

01.

02.

03.

04.

05.

06.

将室内-室外边缘区域体验最大化：
日本东京代官山T-Site

T-Site是茑屋连锁书店的旗舰店，位于东京代官山地区。这家创新的零售书店看起来像一个小村庄，低矮的展馆式建筑坐落在景观花园中，被称为"森林中的图书馆"。

它没有将所有的东西都集中在一个室内空间里，而是有九个庭院。书店占据了三个独立的庭院，每个庭院都有多个入口，激发络绎不绝的室内外活动。由于宽敞的窗户没有被商店设备或货架遮挡，这里有充足的自然光，突显了季节的变化。书店设有咖啡馆和鸡尾酒吧，营业到凌晨2点。

其他六个庭院分别用于不同的用途：一个专业相机店、一个益智玩具店、一个电动自行车展示厅、一个宠物服务中心、一个灵活的画廊/临时活动展厅，以及一个酒吧/餐厅。酒吧/餐厅被分割成较小的部分，并有着重要的半室外空间，让客人有更多的时间在室外停留。中间的空间植被丰富。里面有一个岩石花园可供人们玩耍，此外还有一个小狗公园，那里的围观者和使用者一样多。不同用途吸引的人远远超出一般书店的顾客。

代官山T-Site不仅仅是一家书店，更是一个户外目的地。这个微型环境积极支持室外生活，鼓励人们无论天气如何都应花更多的时间在户外活动，去邂逅和体验不同，并更好地与他人、场所和我们的星球连接在一起。

绿植在多维度上的最大化:
瑞典马尔默市区别墅

都市别墅（Urban Villas）是一个合作自建房。得益于阳台上的地板绿化，公寓已经被改造。填土相对较深的地面上是可移动的混凝土板，因此提供了更灵活的种植表面。这种环境下可以实现更深根系的植物的密植。这些植物结合阳台栏杆和外部楼梯，为建筑打造了真正的绿色墙壁。

绿植在多维度上的最大化

打造属于你的天气

世界上不同地区有不同的气候和天气模式。这使得它们与外界的关联不同，文化和行为方式也不同。在欧洲北部，最重要的是抓紧时间晒太阳和躲避盛行风。在欧洲南部，则可能是寻找阴凉。在季节性差异较大的气候中，则需要综合考虑各种空间特性。柔性城市所采用的方式是寻找简单的解决方案来调节气候，减少极端天气，使人们能够舒适地在户外度过更多的时间。

建筑之间的空间可以避开风，有时还可以避开阳光。它们有属于自己的微气候，有时会与周围的气候截然不同。例如，围合的空间可以让一个地方更宜居，使更多的活动可以在较长的时间范围内在户外进行。这与潮水潭可以保护更多的生命生长或鹅卵石间的空隙滋养微小植物苗壮成长类似。封闭花园里生长的生物比开阔平原上生长的更多。这一"保护"的概念可以延伸运用到城市中，城市街区可以被视为巨大的潮水潭或封闭花园。

虽然城市庭院的面积一般比不上住宅塔楼和楼板之间的巨大开阔空间，但是传统城市街区内包含的户外空间更有价值。这些密集的空间往往可以提供更丰富的生物动力和多样性。围合街区温和的微气候使人们能够更多地使用户外空间，而在户外度过更多时间有助于增强对空间的归属感和控制感，并增加与其他人相遇的可能性，这反过来又促进了社区的发展。此外，明确的空间清晰度促成更清晰的身份认同感和归属感，从而提高空间的使用率。许多高楼、点式高层建筑和板式街区周围开放的绿地空间通常风大寒冷，不是消磨时光的理想场所。

在稍大一点的范围内，可以通过对整个社区的组团布局来改善气候。重要的是要确保内部庭院的私密空间、街区之间的公共空间、社区的街道和广场都要有舒适宜人的微气候。

我们可以从古老的村庄、城镇和城市，特别是中世纪的城市中学到一些经验。这些地方不对称的布局表明，人们优先考虑的是舒适度，而不是整齐的规划模式。历史上，生活中的很多活动都是在户外进行的，户外空间的微

01. 瑞典马尔默。中等高度的建筑之间的阳光角落，无论是在私家阳台还是在公共空间，都是一个吸引人的户外活动场所。

02. 苏格兰芬霍恩。低层高密的坡屋顶沿海小屋为建筑之间的空间创造了更舒适的微气候。

03. 丹麦哥本哈根。庭院角落里的向阳处。

04. 瑞士卢塞恩。传统不对称的狭窄街道布局为步行和户外活动提供了更好的微气候。

05. 瑞士伯尔尼布雷特雷。庭院里防风、阳光充足的微气候让人们可以在阳台、凉廊和地面舒适地进行户外活动，同时也有助于植被繁茂生长。

* rock pool：退潮时，海边岩石区的水潭，本书译为潮水潭。——译者注

01.

02.

03.

04.

05.

气候非常重要。无论是在炎热还是寒冷的气候条件下，各地建筑都倾向于较小的空间和较窄的街道。北欧的街道，如斯德哥尔摩老城区的街道，与南欧意大利那不勒斯的街道比例相似。人们可以一步走到阳光下，一步又走回阴凉处。同样，炎热和寒冷的国家都偏爱庭院类型建筑，通常是因为其小尺度和围合性——较小和受保护的空间提供了更大的使用范围。

在北欧，街道可能呈斜角形，街道较宽的部分可以获得更多的光照，较窄的部分可以保护路人免受过多风吹。当我们审视老城的规划，尤其是那些我们称之为"有机"的规划时，令人着迷的是规划对气候、地形的应对以及创造出的场所多样性。表面上的凌乱和无序，实际上是一种更丰富、更微妙的秩序，是对气候和人们在户外活动的多样化需求作出的回应。

中低层建筑可以保护户外空间不受风和阳光（取决于当地气候）的影响，使空间更适合居住，同时由于连续的建筑边缘，形成了受保护的行人路线。此外，低层建筑可以更容易实现自然通风，从而为使用建筑的人带来健康益处，为建筑使用者或经营者节省能源，并为地球带来环境效益。

坡屋顶或斜式屋顶对营造更好的微气候非常重要。坡屋顶具有符合空气动力学的形状，可以减少甚至消除建筑物之间空间的湍流。由于强劲寒冷的风被遏止，使得户外空间更宜人，也使得打开窗户进行自然通风变得更加容易。坡屋顶可以让阳光温暖并自然地照亮街道和庭院空间。从地面上看，坡屋顶提供了更广阔的天空视野，在建成环境中给人一种非常重要的空间感和开放性。或许最明显的是，坡屋顶可以利用重力让雨水流走，这一点比平屋顶表现得更好。

外屋和小型扩建等较小体量的构筑物有助于创造更小的气候空间。运用较小的体量提供了更大的灵活性，可以根据气候要求进行局部调整。

这些简单的方面——围合、不对称的布局、符合空气动力学的屋顶形状和较小的建筑体量——可以极大地改善建筑之间空间的微气候，让更多的日常生活在户外进行。

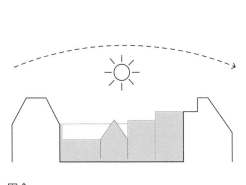

围合

庭院的围合空间以及一致的较低的建筑高度可以挡风，同时较低的高度使太阳光能够照射进来。

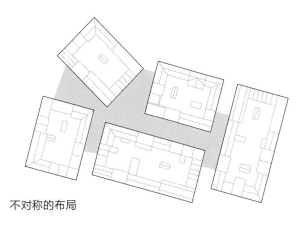

不对称的布局

不对称的布局为挡风提供了条件，并且创造了具有宜人微气候的空间。与此同时，变化的街道空间给人一种更有趣的空间体验。

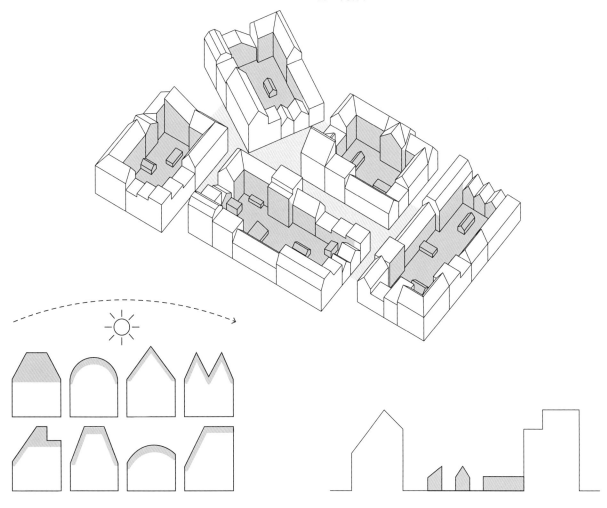

坡屋顶

坡屋顶符合空气动力学的形状，可以使阳光照射到街道和庭院，也可以将风转向、减缓风力或挡风。

较小的建筑体量

外屋和较小的建筑体量有助于创造良好的局部微气候。

在建成环境中，有许多例子说明城市形态如何创造更舒适的微气候。瑞典隆德的隆德大教堂朝南的一面就创造了这样一个微气候空间。由于建筑边缘阳光充足，加上教堂的护墙挡风，使得厚重的石墙可以保持热量和干燥，人们可以常年坐在户外长椅上，享受其中的乐趣。

附近的隆德主广场，市政厅大广场（Stortorget）的东北角，即使地面有雪，人们也能坐在户外，因为这里整个下午都背风向阳。这个角落的人气很旺，以至于市政府将传统的长椅换成了更舒适的躺椅，彰显了一种改善日常城市生活的姿态。随着人们在公共空间日渐放松的心态和更长的消遣时间，与陌生人互动的机会也就越多。

在哥本哈根的尼哈芬港（Nyhavn），西南部的滨水空间和挡风区域的结合，使这里成为该市最受欢迎的户外空间之一。考虑周全的设计让商业机会和公共生活共存。街道被组织成步行和停留的区域、商业区，在大伞下摆放着桌椅，偶尔还有户外加热器，以及滨水的公共空间。由于多样化的停留和休憩机会，许多不同的人可以聚集在同一个空间里共度时光，享受水面夕阳的自然风光。

01. 丹麦哥本哈根尼哈芬港（Nyhavn）。尼哈芬向阳的一面有最好的微气候条件，可以在有遮阳伞的商业座椅或滨水公共座椅休憩。

02. 瑞典隆德大教堂。即使在冬天，大教堂朝南的边缘也是舒适的户外休憩场所。

03./04. 瑞典隆德大教堂。增添小型可移动的凳子/桌子，增加了使用舒适度，并促使更多活动发生。

05./06. 瑞典隆德市政厅大广场（Stortorget）。隆德主要广场的东北角形成了一个向阳地带，夏天和冬天都是很受欢迎的地方。

01.

02.

03.

05.

06.

在新开发区营造舒适的微气候：
瑞典马尔默Bo01

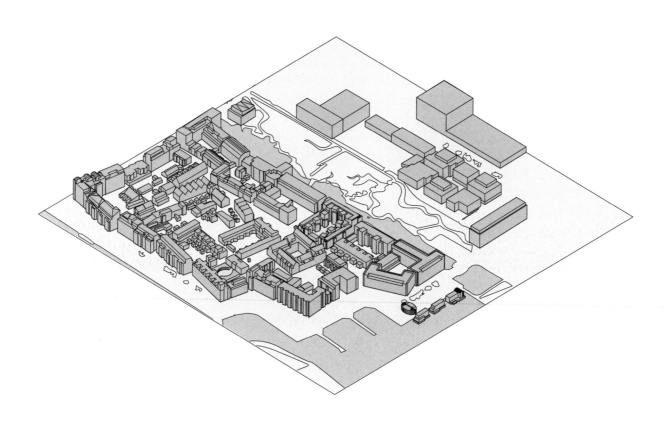

建筑密度

总面积：	400m×400m
开发总建筑面积：	150000m²
住宅总建筑面积：	37000m²
毛容积率：	0.9
建筑密度：	0.23

首层出入口

首层可进入的建筑面积：	39%
首层步行距离以内建筑面积	
（4层或4层以下）：	83%

Bo01

顾名思义，Bo01是2001年开发的住宅示范区。瑞典有着悠久的住房展览传统，旨在展示新的技术发展、经验、生活方式的趋势和未来愿景。

BoO1是位于马尔默西港一处偏僻且（污染）严重暴露的棕地住宅开发项目。总体规划建筑师克拉斯·泰姆（Klas Tham）在此打造了一个能容纳高密度和多样性建筑的社区，在城市中呈现乡村的感觉，为郊区生活提供了一个可行的选择。

BoO1具有中世纪城镇特有的空间特征——人性化的建筑尺度和惊喜迷人的元素。但这个社区绝不是对过去的复制，其在建筑风格、建筑逻辑、使用的材料和技术都是完全现代的。

克拉斯·泰姆设计的这个社区可以被描述为变形的格网。在传统的由方形或矩形街区构成的城市格网基础上，泰姆将其扭曲变形，在街区之

间创造了更复杂的空间。这种变形设计可以更好地应对气候变化，起到挡风的作用，并且创造出可以受到阳光照射的多样化的公共空间。

街区采用了理性的矩形形状，较好地满足了建造过程中对建材和部件的使用，以及建成后室内配件和家具的摆放需要。变形的网格保持了这些矩形的建成形态，确保了建造和居住的经济合理性。建筑行业是标准化行业，以直角和矩形为基础。建造形状不规则的建筑既昂贵又耗时，所以这一标准化方法是建造更为经济的建筑的关键。

然而，巧妙地利用街区之间空间里的几何结构，相对来说还是比较简单和经济的。铺设苗床、

草坪、砾石、沥青，甚至大多数的铺装都可以轻易适应不规则的形状。与建筑物不同，景观角度的种植、草地或铺装不需要完美的完成度或防水。有些人可能会认为这是无序的，但泰姆却认为这是一种层次更为丰富的秩序。

基于地块的城市主义（Plot-Based Urbanism）

已经很小的街区又被细分为2-3个地块。每个地块都是由不同的开发商以不同的建筑和景观设计来开发的，这意味着在同一个街区内有各种各样的房屋类型。这种并存的方式最初并不受开发商欢迎，尽管有人说，当这些开发商被迫并肩作战时，他们之间的竞争异常激烈。

这里的土地用途混杂，在主要角落的首层有大量的非住宅用途空间。此外，建筑外围的首层空间有较高的顶棚（最低3.5m），以便将来用于非住宅用途。

这里的住宅类型多样，既有普通住宅，也有公寓，面积大小不一，建筑风格迥异。这些建筑的背面和正面的顺序很明显，并且所有建筑都有前门和后门，形成了多条进出通道。

禅宗观点。外围的建筑和较小体量的内部建筑相结合，形成了一个受气候保护的内部世界，只能瞥见大海。

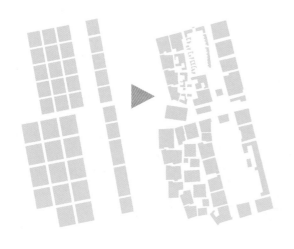

变形的网格

Bo01的规划平面是一个改良的网格，创造了多样的变化和良好的微气候。

整个街区并非都被建筑包围，在没有建筑的地方，会有一堵墙或者一扇门来保持居民内部世界的私密性。

除了共享的公共花园外，所有住宅和大多数底层公寓都有私人花园空间。顶层有顶层公寓和屋顶露台，其绿化直接连接到室内空间，还有不规则形态的角楼式凸起空间。除了各种私人户外空间，街区也与不同的公共空间相连——西边的大型海滨长廊、带有水景的小广场、当地的街道和小巷子。这样，在一个极小的区域内就形成了特殊的空间多样性，从而使不同的活动可以在不同的环境中进行，而且距离都特别近。

交通和行为

Bo01的布局呈现了明确的空间层次，公共区域分布在外部边缘更宽敞的空间，而内部则是较小、更为私密的空间。相对较小的大约50米×50米的街区构成了有密集交叉口的网格，鼓励人们步行。不断变化的城市景观激发了人们的好奇心，使探索者好奇下一个拐角处会出现什么。由于不是所有的开口都有足够的宽度供汽车通行，因此街区的布局也限制了车辆的移动，使得人们经常步行走捷径。

这里行人的行为与其他地方不同，这要归功于少车通行带来的安全感。有意思的是，在这里可以观察到人们总是走在街道中间而不是紧贴着建筑走，人们感觉街道是属于他们自己的，而且明显更享受这些空间。

虽然Bo01的大部分地区允许汽车行驶，但还有许多其他更合理的出行方式可供选择。40%的居民步行或骑车上学和上班，30%的出行完全依靠自行车。人们离公交站的距离不超过500米。与市中心相比，居民步行和骑自行车的次数更多，开车的次数更少。

Bo01的行人友好型街道是当地幼儿园的热门目的地。

01.

有吸引力且实用的户外空间

虽然在这个靠近大海的地区，微气候是使户外空间具有吸引力和实用性的一个关键方面，但总体规划也确保囊括了多种空间体验，从最隐私的区域到最公共的区域，都有独特的空间和户外场所。

公共空间是Bo01成功的一个重要因素，他包含了从城市大型公园到小型社区广场等许多公共空间。Bo01被公共空间很好地环绕起来。西边是大海、Sundspromenad海滨长廊和Daniaparken绿色休闲公园，东边是Ankarparken公园和海水运河。这两个方向的重要公共空间意味着这里没有消极的背面空间。

这两个空间有着截然不同的微气候。滨水地区视野好，吸引人们看夕阳，但是也有强烈的海风，在某些天气下限制了活动。而运河公园的气候更平静、更可预测，是一个更安静、更轻松的空间。这两个空间相辅相成，它们的内在差异为居民提供了选择，他们可以选择在不同的时间去不同的地方。

01. Sundspromenad的立面图展示了不同建筑并列组成了一条街道。立面图作者：Sotaro Miyatake

02.-04. 一个重要的行为是，居民敞开大门，他们的个人物品放在街道上，展示了在户外度过更多时间的文化，以及一种信任感，这种信任感让我们联想到一个古老的乡村，而不是一个较新的城市。

05. 一个小型公共空间中的凉棚。

02.

03.

绿色社区

Bo01的规划中包括一个叫作绿色空间指数（Green-Space Factor）的工具，用来强调支持生物多样性的要素的好处。就像每个地块都有不同的建筑设计师一样，每个地块也有不同的景观设计师，确保提供多样的解决方案。开发商和他们的设计师在每个场地都采用了绿色积分系统，这允许各种不同的解决方案来解读其建筑周围区域的绿色需求。可以获得绿色积分的要素包括大树和灌木、绿地和花坛、爬山虎和攀缘植物等墙面上的绿植、绿色屋顶上的景天属植物、池塘和其他水景等水元素。一个共有35项可广泛应用的环保措施清单，其中至少10项应在每个住宅庭院实施。

绿色积分包括每个公寓都有一个鸟巢箱，每个小区都有一个蝙蝠箱，留出部分庭院花园供野生植物生长，种植一个包含50种本地野生花卉的花园，绿色屋顶，以及收集和再利用雨水的系统。[11]马尔默市在适当的时候使用绿地系数工具，德国柏林和美国西雅图等城市也使用了类似的绿色空间指数。越来越多的城市开始考虑使用绿色空间指数，以更有力地满足对绿色和生物多样性的需求。

04.

05.

宜人的微气候

Bo01位于厄勒海峡（Öresund Straight）上一个极其裸露的地点。虽然该位置景色壮观，可以和水亲密接触，但同时也存在一个挑战——如何营造舒适的微气候，让居民可以有尽可能多的时间在户外活动。

为此，外围的中等高度建筑（4-6层）可以有效形成一面墙，为开发项目遮风挡雨。在内部，建筑物均为较低的1-3层。这些建筑要么有坡屋顶，要么是顶层后退，使风向偏转、让阳光深入照进户外空间。这些街区形成了拥有受保护的微气候的庭院。街区的围护结构中偶尔会有小的空隙，让阳光和光线进入内部空间。

01.

从平面图中可以看出，这些街区是倾斜的，有些地方收窄以阻挡风吹，有些地方放宽以使公共空间捕捉阳光。街区分成一个个小的矩形结构，形成错落有致的巷道和曲折的开口，以确保风不会穿透。这种在微气候方面的谨慎考虑对于鼓励人们步行和在户外活动至关重要。

为了调查Bo01的布局对微气候的实际影响，亨宁·拉森（Henning Larsen）对微气候进行了研究。研究清楚地表明，阻止强烈的西风和在社区内建立遮蔽场所的尝试是有效的。在平均气温约为9℃的三月，许多街道和建筑物之间的空间会有16-18℃的舒适体感温度，有些地方的体感温度高达21℃。尽管向海的位置风大（西南风盛行），但是Bo01规划中绝大部分区域的温度均高于实际温度。[29]

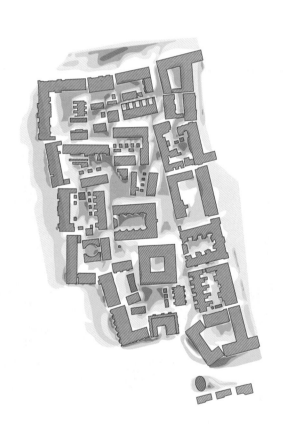

更低 8-10 10-16 16-18 18-21+

"Bo01微气候分析"，亨宁·拉森（Henning Larsen）。这项研究显示了该布局如何保护Bo01不受盛行西风的影响，使人们在三月的一天里可以体验到8-21℃不同的温度差异。[30]

内置的复杂性

Bo01的规划是在复杂性中再创造复杂性。例如，一个街区被划分为四个独立的地块，每个地块都有自己的开发商，每个项目都由不同的建筑师和景观设计师负责。街角建筑的首层有一个咖啡馆餐厅，中部建筑的首层有一间办公室和一个沙龙。在西面和北面（外围建筑）是海景公寓，而东面和南面的内侧是联排别墅和半独立式住宅。规模从1.5~6.5层不等，平均约为3.5层或4层。

值得注意的是，半独立式住宅可以与城市咖啡馆露台在同一街区。该街区允许不同的空间条件在同一地点共存。另一个值得注意的细节是一个小房子可以拥有的户外空间有多大。

半独立式住宅有自己的私人封闭花园和私人屋顶露台，也可以进入一个与邻居共享的带有宽敞草坪的大型共享花园。除了这些私人空间和共享空间，前门外还有一个带水景和凉棚的小广场。此外，还可以去到很多公共空间和海边，所有这些地方都只需步行几分钟即可到达。

Bo01改变了规则

Bo01已经成为社区规划的规则改变者，创造的居住区成为城市充满活力的一部分，在这里游客和居民可以共享许多公共空间。在一个独栋住宅价格相对低廉、驾车文化浓厚的地区，吸引以前住别墅的人和有孩家庭来到一个更城市化的环境中是一个重大的突破。Bo01让他们相信，不需要开车就能与他人近距离交往的高品质生活是可以实现的。

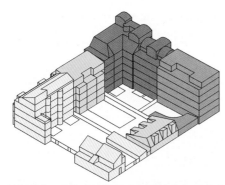

该街区被划分为4个独立的地块，每个地块都是独立的法律实体，由不同的开发商、建筑师和景观设计师负责。

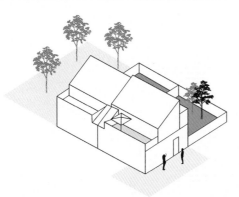

这座半独立式住宅是小型住宅社区的一部分，该社区还包括较大的公寓楼。居民有许多户外体验的选择，前面有一个私人屋顶露台，后面有一个私人花园，还有一个共享草坪，以及前门外的小公共广场。

02.

01. 许多受保护的阳光充足的边缘区域促使人们花更多的时间在户外。

02. 海水浴在附近很受欢迎，经常可以看到居民穿着睡袍走来走去，增加了该地区的亲近感。

将自然带入城市

亲生命性（Biophilia）是指人类对亲近自然世界与生俱来的喜爱。与大自然接触对健康也有诸多益处。国际研究已经证明，观察树木有助于住院病人的康复，日本的"森林浴"也日益走红。

可能人们身边并不总能接触到自然景观，所以需要把自然的体验，或者至少是强烈的自然元素带入城市。将绿植和水带回城市环境中的方法有很多。

虽然植被可能是自然界改善城市环境的最重要的方面，但是水的存在也许才是最特别的。最强烈的感官体验与水，特别是流水，以及声音、运动和反射有关。

01.

02.

01. 瑞典斯德哥尔摩Mari-atorget。Mariatorget是著名的市中心公园广场，这里自然的声音得到了强化。树叶的沙沙声和喷泉的潺潺流水声被扩音器放大，淹没了交通的噪声。

02. 瑞士巴塞尔。如今市民对城市生活越来越适应，使用公共空间的态度也越来越轻松，旧的基础设施、家具和设备可以以新的方式来使用。这里，巴塞尔的孩子们将教堂外的一个古老喷泉当成了迷你游泳池。

用途和使用者的密度和多样性：
纽约布赖恩特公园（Bryant Park）

　　纽约布赖恩特公园是一个典型的将自然带入城市环境的例子，因此特别值得一提。

　　受威廉·怀特的启发，这里最重要的设计决策之一是坚持使用可移动的椅子，将使用权交到使用者手中，他们可以坐在任何地方，朝着任何他们喜欢的方向。布赖恩特公园是美国第一批拥有供公众使用的咖啡馆式桌椅的公园之一，人们不会被强制购物和消费。你可以自带野餐，与周围的商业活动产生协同作用。另一个关键的设计决策是降低公园的地平面，使它几乎与周围的人行道齐平，并去掉树篱和栅栏，人们可以完全看到公园内部，并且无障碍地进入。

　　公园为个人、情侣和团体的使用设计了各种不同大小的空间，里面有较热闹或较安静的角落，以及一系列的活动安排，包括露天电影院、现场体育广播、季节性购物、冬季溜冰场、露天阅览室（该传统可追溯到1935年）、滚球、乒乓球、棋牌游戏、艺术课程和旋转木马等。

　　布赖恩特公园的特点是其密度和多样性，这促使广大市民在户外进行非常广泛的活动，从在笔记本电脑前工作和阅读，到做瑜伽和排舞。公园有高水平的服务配套，包括多种食物和饮料、干净的公共厕所和免费的互联网。

小水景，大影响：
德国弗莱堡Bächle[*]

在弗莱堡，窄而浅的水渠穿过中世纪核心区的街道，重新诠释了历史上的小溪流系统。Bächle宽20-50cm，深5-10cm。水渠有多种功能：降温和清洁，作为行人和有轨电车之间的分隔线，或者界定供人们坐下和停留的区域。它们在狭窄、黑暗的街道上反射出舞动的光。也许最好的一点是，它们把街道变成了一个巨大的游乐场，让各个年龄段的孩子们有机会放小船、踩水、在水中嬉戏。

这个很小的水景却带来了如此大的影响。通过增加使用用途，让街道发挥更大的作用。Bächle帮助实现了休闲（停留、坐着和玩耍）和功能（多模式交通廊道）之间的平衡。

---

* Bächle：人工街溪（Bächle）是穿行于德国黑森林城市弗赖堡老城中许多街巷的溪流，为该市最有名的地标之一，颇受游客欢迎。——译者注

议会大厦前的游乐场：
瑞士伯尔尼联邦广场（Bundesplatz）

联邦广场是伯尔尼被最频繁使用的空间之一，这里全年都有定期的市场、展示和文化活动。这里有好玩的喷水装置，为空间增添了另一层生活气息，增加了广场的人流量和使用率，使行程中间的时间被更充分地利用。

在议会大厦前建造一个嬉戏场所，引发了众多争论。让孩子们赤身裸体在国家最重要的政府大楼前跑来跑去，到底是否合适？最后，人们认识到，孩子们在城市中心安全玩耍的天真是对议会所代表的核心价值观最好的提示。尽管伯尔尼有一条河流和许多其他水景，但喷水装置的简单性和可达性将一个严肃、正式的空间变成了可以进行社交和感官体验的有趣场所。

行道树

种植行道树是改善城市环境最重要的事情之一。除了它们固有的美之外，行道树还有许多其他作用，有助于改善城市空间的形象、氛围和效能。

通过对建筑物和街道的遮阳和防风，行道树可以改变街道（乃至整个城市）的气候。这让人们在人行道上度过户外活动的时光更加愉快，步行、骑行或等待交通工具时也更为方便。因此，行道树在支持主动出行方面发挥了重要作用。

树木不仅是绿色植物，它还通过遮阳、反射、蒸发、冷却和蒸腾作用，帮助减少困扰许多城市场所的热岛效应。在高密度建成区，树木充当了隐私屏障。它们可以过滤强光，减少眩光，并作为反光镜，把动态的跳动光线投到建筑物上。此外，树木通过声音、气味和晃动为街上的人们提供了非常重要的感官体验。它们不断变化的外观让人们意识到季节的变换和时间的流逝，并有效地将街道变成了线性公园。

树木可以吸收二氧化碳。由于城市产生了大部分的二氧化碳，所以把树木种植在问题的源头和人们最容易受到伤害的地方是有意义的。树木是天然的空气过滤器，树叶和树皮可以捕捉空气中的灰尘和其他颗粒，同时树木可以吸收难闻的气味和污染气体，如氨、硫和氮氧化物，这一功效对治理汽车尾气排放尤为重要。

01. **澳大利亚悉尼**。居住区的行道树营造了亲切的尺度，改善了步行条件，并将人们与四季变化联系起来。

02. **古巴哈瓦那**。行道树形成了一个冠盖，创造了户外场所，同时缓和了步行和停留的气候条件。

01.

02.

应对气候变化：
澳大利亚墨尔本的城市森林战略

摄影：大卫·汉娜

墨尔本已经认识到树木在应对健康问题、消除污染、减少热岛效应以及最基本的为人行道遮阳方面所起的重要作用。气候变化、人口增长和城市供暖给城市建筑、服务和居民带来了压力，建设城市森林是其应对这些压力的战略的一部分。"有益健康的城市森林将在维持墨尔本的繁荣兴盛和宜居性方面发挥关键作用"。[31]

墨尔本城市森林战略的具体目标包括到2040年将树冠覆盖率从22%增加到40%，并增加森林的多样性。另一个目标是向公众普及相关信息，增强树木与社区的关联性。

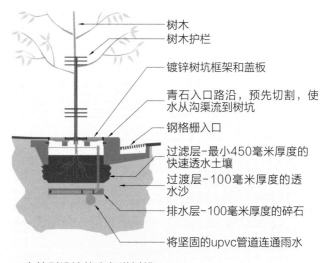

树木
树木护栏
镀锌树坑框架和盖板
青石入口路沿，预先切割，使水从沟渠流到树坑
钢格栅入口
过滤层-最小450毫米厚度的快速透水土壤
过渡层-100毫米厚度的透水沙
排水层-100毫米厚度的碎石
将坚固的upvc管道连通雨水

一个特别设计的人行道树槽可以收集并过滤雨水，同时浇灌树木。

与自然相连

几乎每个市镇或城市都有一些自然禀赋（natural amenity），例如水域、地形变化或风景。一个地方与其自然设施相联系的方式，以及突出其最佳特征的努力，无论多少，都会对人们在户外活动的时间产生重大影响。可以通过一些设计支持来鼓励人们花时间在户外，接触大自然，也可以扩展他们的舒适区，使体验更为轻松、令人向往、身心愉悦。相关做法可能包括：开发可以欣赏自然景观的新建筑，恢复河道，种植行道树等营造微环境，或者简单在咖啡馆外放置座椅让人们坐下享受阳光。

所有这些与自然的接触，宏伟如高山之景，微妙如鸟鸣之声，都有其重要意义，并让我们强烈意识到生命的循环。感知自然是了解自然、学习如何适应环境、与自然和谐共处的第一步。

将人与自然联系在一起最简单的方式就是让已有的东西变得更容易接近。在德国弗莱堡，德莱萨姆河就在中世纪核心区的外围流过。在夏天，人们坐在河里的岩石上，享受河流带来的凉爽和河岸边树木的荫凉。这些岩石构成了一处非正式的休憩景观，为人们提供了与他人以及自然的接触。即使是几厘米深的小型水面，如流经日本京都市中心的小溪，也能有很强的存在感。

在丹麦奥尔胡斯和韩国首都首尔等城市，人们已经认识到水的重要作用和价值。这两个城市都竭尽全力重新开放以前隐藏在道路基础设施下的河流。这些努力的成果从根本上改变了人们的行为，并大大增加了人们在户外活动的时间。

01. **德国弗莱堡。**德莱萨姆河从市中心外流过，提供了适合休憩的自然元素。

02. **日本京都。**几厘米/几英寸的水足以使人产生强烈的感官体验。

03. **丹麦奥尔胡斯。**奥尔胡斯重新开放的河道在市中心创造了一个新的、使用率很高的休闲空间。

04. **韩国首尔。**重新开发的河道是一个标志性项目，为中心城市提供了特殊的感官体验。

01.

02.

03.

04.

所有人的城市客厅：
瑞典马尔默的西港

01.

瑞典城市马尔默历史上曾背靠大海，但随着西港的重新开发，从工业区转型为住宅区，海滨的价值被重新发现。一流的Bo01住宅展推出Sund-spromenad海滨步行街，为该地区营造了度假氛围。海滨步行街可能是城市中最重要的公共空间。

这里的主要特色是多功能阶梯式防汛墙，它可以作为风暴屏障、防风墙、景观座椅、运动场、舞台、时装表演台、日光浴甲板和观景平台。在这里可以看到水域对面厄勒海峡大桥和哥本哈根的壮观景象。

在邻近的Daniaparken公园里，围合、防风的区域使人们在户外享受日光浴的时间段更长，而平台、台阶和通往大海的阶梯使海浴更容易进行。海底危险的岩石已经被移除，使潜水成为可能，步行景观大道瞭望处壮观的一端现在兼作跳水板。

Sundspromenad海滨步行街和Daniaparken公园吸引了来自邻近社区、大城市甚至周边地区的游客。马尔默的海滩很长，但每天都有不同年龄、种族和社会经济背景的人来到这里。这证明在城市中体验大自然可以像在真正的大自然中一样具有吸引力。

02.

03.

04.

05.

06.

07.

在同一时间、同一地点，各种各样的人可以进行丰富多彩的活动，无论是被动的还是主动的。人们有很多机会被各种原因吸引，花更多的时间，做更多的户外活动。重要的是，这里很多实用的小细节让人们更接近自然，人们在阳光下坐着或在海边走走都很舒服。

01. 行人的木板路成了春天晚上跳探戈的小舞台。
02. 游泳和日光浴——注意防风墙。
03. 瞭望处潜水平台。
04. 在大人休息时，水景为孩子们提供了娱乐玩耍机会。
05. 当地的孩子向游客出售自制果汁。
06. 各个年龄段的人游泳和日光浴。
07. 当地人晚上的"外食"活动。
08. 全年有阳光照射的户外防风空间。

08.

充分利用基础设施：
丹麦哥本哈根气候社区Taasinge广场

近年来，哥本哈根遭受了更为频繁和严重的暴雨袭击，导致了特大洪水，并造成了严重破坏。为了应对这一新的挑战，该市制定了一项气候适应计划，要求在公共场所建立新的柔性景观来使洪水下渗。[32]

以前坚硬、不透水的表面正在进行景观改造，以适应洪水，使得暴雨期间和暴雨过后的径流更缓。该市利用雨水管理的投资创造更大的价值，而不是投资于昂贵的地下基础设施，这些设施对市民来说是看不见的，而且大部分时间都用不到。

2011年计划纳入了一项"暴雨应对项目"，计划在未来几十年内对300多个公园、街道和广场实施改造。新的景观改善了哥本哈根居民的日常生活质量，同时提高了商业价值，增加了生物多样性，减少了热岛效应。

其中一个新的公共空间就是哥本哈根首个气候适应性社区的Taasinge广场，它也是城市气候计划的一部分。这个广场曾经是沥青地面，用来停放车辆，现在已经变成了一个独特、绿色、可持续的标志性场所。这里对雨水的应对措施体现在地面上，因此每个人都可以看到。在积极的社会环境下，这个空间可以促进大家对气候变化的理解。当没有被洪水淹没时，它是一处极好的休闲景观，每个人都可以享受。

将基础设施重新定义为公共空间：
日本大阪的木津河边水廊项目

日本人对气候灾害已经司空见惯。海啸、地震、山体滑坡、洪水和火山爆发都是经常发生的灾害。日本在硬件（基础设施）和软件（培训）方面大量投入，以确保其公民的安全。高防洪墙保护着大阪等城市免受洪水的威胁，但却将市民与滨水区隔绝开来。防洪墙消除了与水的任何交流，市民们没有了对大海的认知，忘记了他们对水的恐惧和喜悦。

Ryoko Iwase于2013—2017年间负责的项目对防洪墙进行了改造，将坚硬的工程基础设施转变为公共空间，使用者可以在这处阶梯式景观表演、停留和使用。沿着水边有一条连续的步道，鼓励人们沿着水边行走。也有供人们坐下歇息的长台阶，人们可以驻足看水景。这里还放置了很多花盆，用植物柔化混凝土结构。市民们受邀积极照料绿色植物。通过将基础设施重新定义为公共空间，人们现在有机会花更多的时间在户外活动，被动和主动地感受大自然的力量。

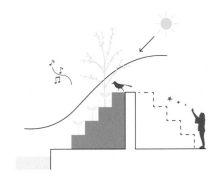

充分利用自然：
在瑞士伯尔尼的河里游泳

01.

想象一下，在夏日里热得汗流浃背，离开拥挤的办公室或狭小的城市公寓，步行几百米，然后直接跳到凉爽的河水中。在伯尔尼的阿勒河游泳是使拥挤的城市生活更愉快的活动之一。它提供了一个身心与城市中心的自然环境相连接的机会。这种体验会调动各种感官：感受皮肤浸在水里，把头埋在水下，听着河床上石头的声音，听着游泳的小伙伴们溅起的水声和说话声，听着河岸上的鸟鸣和风吹树叶的声音。

在这些特殊的环境下，你有机会与你的邻居和伙伴们见面互动。因为水流会把人们冲到下游，所以人们会从混凝土台阶上下水，或者从人行桥上跳下去，随着水流游泳，然后从河里出来，

沿着步行景观大道走到开始的地方，然后再重复一遍。

对于瑞士首都的保守市民来说，这似乎是一项不太可能的活动，但这个自然奇迹却把各种背景的人聚集到这个极其放松的环境中。银行家和政客们脱掉西装，享受着与穿着泳装的邻居见面的体验。在河里游泳给城市的日常生活带来了一种节日气息。

在河里游泳是免费的，而且它可以包容各种各样的社会人群——无论年纪大小，何种民族种族，是当地人还是游客。甚至一些宠物也加入进来。每天放学或下班后，很容易就可以进行这项活动，这也意味着有很多频繁的机会接触大自然，

结交朋友或遇到熟人。

除了日常的享受，阿勒河的体验让人们对天气和环境有了更广泛的理解。例如，人们更能理解山里天气如何影响河水温度，并留意每年游泳季的开始、结束、持续时间和连贯性。由于这项重要的年度活动直接受天气的影响，所以这些都是相关话题。这有助于更深入地了解天气模式、周期，以及它与我们自身的经历和生活的关联性。即使对旁观者来说，游泳也有关联性，坐在火车或有轨电车上看到的河流游泳者的景象将人们与他们的场所和气候联系起来。

支持河中游泳的基础设施非常简单，可被直观地使用。沿着河边，有简易的混凝土台阶和漆得鲜艳的扶手，方便人们进出河水，还有浮标和一些简单的警告标志，告诉人们什么情况下应该离开河里。

02.

03.

01. 从人行桥上跳下。
02./03. 简易的混凝土台阶和漆得鲜艳的扶手帮助游泳的人进出河中。
04. 游泳的人沿着河边散步。

04.

"没有坏天气，只有不适合的衣服。"

斯堪的纳维亚谚语

与天气共处就是要认识到建成环境的设计如何影响我们的行为，使我们更容易地穿梭在室内室外，更舒服地在户外度过更多时间。与此同时，在气候变化时期，只要一点点地行动起来，我们就能朝着与自然力量更加和谐相处的方向前进。在户外意味着产生感官体验，实实在在地感知天气。为了使生活在室内的人们与户外形成更好的关系，学会与天气共处或与自然成为更好的邻居，我们必须提供选择和机会，通过时常的吸引和偶尔的助推，一步步地靠近自然。

家庭、机构和工作场所等许多新的建成环境似乎都以待在室内为导向，围绕这些地方的任何出行都依赖驾驶。互联网时代已经引发了关于户外活动和接触自然的价值的探讨和研究，特别是关于在电子产品时代抚养孩子的相关问题。[33] 户外活动创造了社交机会，可以借此分享对自然现象的感受，反过来有助于建立应对气候变化的共识。

每个城市都面临各自的气候挑战。但我们能做的不仅仅是全然忍受天气，还可以通过简单的设计创造更好的细节——如建筑的形状和尺度以及建筑之间的空间——来设计外部环境，从而创造出更舒适的微气候。我们可以让阳光照射进来，或者把阳光挡在外面，通过遮风挡雨，我们有可能打造属于我们自己的天气，或者至少可以延长我们在户外的时间。低技术、低成本的干预措施，如百叶窗、楼梯、阳台和拱廊等，可以把人们带出常规的室内舒适区，与外部的自然和社会环境形成更紧密、更令人满意的关系。

斯堪的纳维亚有句名言："没有坏天气，只有不适合的衣服。"

01. 日本东京。孩子就是孩子：充满好奇心地成长，对周围的事物做出反应。我们不能强迫任何人做任何事，但至少可以创造与自然接触的机会。

02. 瑞士伯尔尼。国际象棋不只是两个人的游戏。这项户外活动吸引了一些忠实的群众，让他们有理由在户外逗留更长时间。

01.

02.

柔不可破

01.

02.

03.

04.

05.

06.

07.

是什么使人类居住区持续存在？罗马如何在帝国灭亡后幸存下来，并在几千年后成为现代意大利的首都？德累斯顿和广岛被夷为平地，后来又从尘土和记忆中获得重生。相反，为什么许多新的、经过规划的城市没有繁荣发展起来？巴西利亚会和里约热内卢一样吗？堪培拉会追随悉尼的脚步吗？

与此同时，有些棚户区表现出了可持续发展的韧性，比得到大量补贴的规划住房项目更有生命力。可以说，一些非正式的居住区建在最不值钱的土地上，没有建筑师、设计师的规划设计，也没有政府财政补贴，它们却出乎意料地创造了可持续、包容、紧密联系的社区，满足了居民不断变化的需求。

为了创造一个更好的居住场所，我们需要应对周围的挑战，而应对这些挑战的方式是去接受挑战。我们需要更好地与周围的世界联系起来。筑起分隔墙并不能解决另一边的挑战，只会在很多方面使问题更加突显。相反，我们需要建立联系。当我们面对气候变化、社会隔离、交通拥堵和快速城市化时，我们需要与地球、与人、与场所建立更好的关系。在空中或封闭社区建造独立的、装有空调的建筑物，或修建更多的道路和拥有自动驾驶汽车，无法将我们彼此之间联系起来共同应对这些挑战。

市镇或城市是一个多关系系统，在这里公共与私人、群体与个人、正规与非正规等不同关系组成的多重叠加的系统共同存在。就像森林中的自然分层一样，多重而又相互关联的关系将不同的现象相互连接起来，增加了整体的生态韧性。

生活告诉我们，牢固的关系不是僵化不变的。敏感和响应是良好好关系的重要组成部分。掌握主控权并不意味着永远不改变自己的位置。实际上，事实恰恰相反。掌握主控权意味着能够在特定的

01. **丹麦哥本哈根**。没有栅栏和围墙，校园对公共广场完全敞开。

02. **法国巴黎**。二手书书摊设于塞纳河沿岸厚重的保护墙上，创造了就业，为人们提供了文化和娱乐。

03. **西班牙巴塞罗那**。提倡改善公共场所行为的公共信息宣传。

04. **美国纽约**。咖啡馆里可以共享的桌子让人们自发进行社交活动。

05. **法国巴黎**。在可渗水的砾石地面上，树冠下可移动的椅子可以让人们随便怎么坐。

06. **丹麦哥本哈根**。混合旅行——在郊区的火车上带上一辆自行车。

07. **日本东京**。爷爷奶奶和孙辈们正享受着步行街的便利。

01.

02.

03.

04.

05.

06.

07.

08.

时刻，特定的情况下做出适当的反应。而反应并不总是一成不变的，有给予，有索取，有时开放，有时封闭。柔性关系由于其敏感性和响应性，可以比硬性关系更强，也更持久。因此，我们可以说柔性关系是很难被打破的。

我们知道生活是不断变化的，所以我们需要一个物理框架来适应和改变我们，这个框架是有生命力的、有机的、柔性的。

柔性城市不仅仅指建成形态。每个城镇或城市都是硬件和软件的复杂组合。硬件指的是物理形态、结构、街道和建筑物，以及所有设计和建造的东西。软件包括立法和金融、规划和教育、民主和风俗文化、行为和信任等所有无形的架构。本书主要关于如何建造城镇和城市的硬件，但软件也应受到同等关注。

你可以在任何地方感受到柔性城市。停在楼下的婴儿车、放在门口的湿雨伞、摆在街边的绿植，人们总是会做这些贪图方便的行为，所有这些在短期内都会让你的日常生活更加愉快。但是从长远来看，柔性城市可以帮助解决人类在地球上面临的一些重大挑战。它们的共同之处在于容纳日常生活的密度和多样性，为体验更美好的生活创造机会。

虽然人与自然和人与场所的联系很重要，但我认为最重要的是人与人之间的联系。只有当人们走到一起，他们才能真正理解彼此之间的共同之处，然后一起探索更多的可能。

温斯顿·丘吉尔有句名言："我们塑造了建筑，然后建筑又塑造我们。"从扬·盖尔、简·雅各布斯等人的研究中，我们了解到环境的物理形态会影响我们的行为。但在决定建造什么之前，我们需要决定我们想要什么样的生活，以及我们想要生活在什么样的世界里。

正如扬·盖尔所说："首先是生活，然后是空间，最后是建筑。"

01. 瑞士卢塞恩。一个朝向庭院的小阳台可以沐浴阳光、看到树梢，还有其他阳台上的邻居。

02. 瑞典马尔默。公交站指示牌上显示超大数字的出发时间倒计时，让人们知道是否要跑起来赶公交车。

03. 美国纽约。种着食材的街道景观。

04. 瑞典马尔默。车轮坡道使骑自行车的人可以到达地下火车站。

05. 墨西哥墨西哥城。一个墙上的窗口把人行道变成了一家商店。

06. 瑞士卢塞恩。公共出入口、商业活动、公共空间和公共生活同时实现。

07. 日本京都。巨大的踏脚石将人们与广阔的河流水面连接起来。

08. 丹麦哥本哈根。在丹麦，即使是托儿所里最小的孩子也经常进行户外远足。

宜居城市密度的

九大准则

很多研究和文章都在探讨如何以截然不同的方式实现相同的开发强度。低楼层和中楼层的建筑在此类研究中表现得出人意料的优秀，表明了建造更高的楼层不是获得高密度的唯一途径。然而，很少有人愿意质疑或评判不同建成环境带来的社会或环境影响。

容积率（FAR）和其他类似统计方法不一定是衡量建筑成功与否的最有效指标，因为它们仅仅关注面积或数量。高密度城市形态的表现需要更复杂、更完整的衡量方式，需要有定性的评价标准——我们要探究建成环境如何支持日常生活。城市形态能否为生活在其中的人们提供更高的生活质量，以及它对社会、环境和经济不断变化的韧性和适应能力是我们判断其成功的核心准则。

人们应该将关注重点放在建筑与周围环境的关系上。建成环境如何将人与城市的物质资源连接起来，使基础设施和便民服务设施、事物和场所便捷可达？建成环境如何将人与自然联系起来，使人更加适应气候环境？建成环境是否能很好地联系起不同的人，提供愉悦的相遇和社交的机会？

九大准则

在考虑高密度建成环境的宜居性和可持续性的潜力时，笔者提出了质量评估的九个准则。

一个宜居、有韧性、高密度的区域应该具备如下特征：建筑形态和户外空间的多样性，灵活性，人本尺度，步行友好性，控制感和认同感、宜人的微气候，较小的碳足迹和较高的生物多样性。

宜居城市密度的九大准则

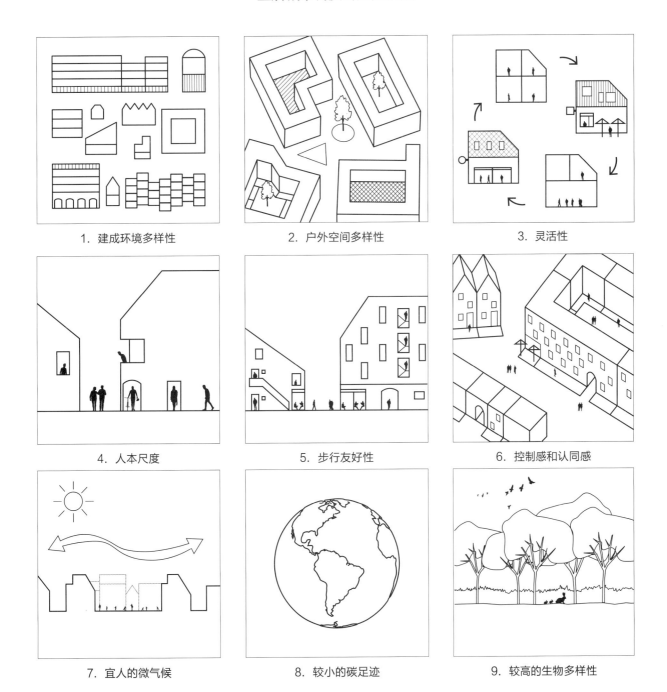

1. 建成环境多样性

2. 户外空间多样性

3. 灵活性

4. 人本尺度

5. 步行友好性

6. 控制感和认同感

7. 宜人的微气候

8. 较小的碳足迹

9. 较高的生物多样性

1. 建成环境多样性

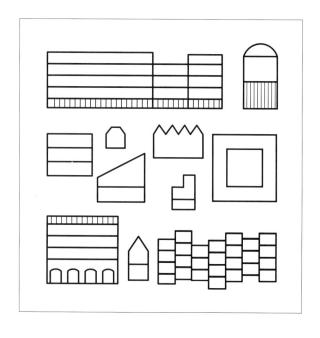

不同活动的同时存在是有价值且更加可持续的。在小范围内居住、工作、学习和娱乐可以让我们更贴近当地生活。为了在一个社区中容纳更多元的丰富有益的活动，我们需要布置广泛的建筑类型。由于日常生活中的实用性来自于不同活动之间的邻近性，我们需要能够容纳不同体型的建筑的城市形态。不同类型的建筑也应协调共存，某一栋建筑及其活动不应压制它的左邻右舍。

为了建设一个可持续和韧性的社会，我们需要容纳不同类型的人，并平衡公共和私密的活动。我们需要一种能够适应不同类型的权属和管理方

式的城市形态。把土地细分成更小的产权单位可以带来更广泛的业主。

城市形态应容纳不同尺度的建筑，只需少数大型和超大型建筑，为更多样化的建筑类型和活动留出空间。应设置更多的超小型、小型和中型建筑。多样的建筑类型应当包括小型独立住宅、公寓楼、办公楼、较大的工业厂房、生产空间和其他专类建筑，如体育场馆和教堂。

理想情况下，不同尺度的建筑应被安置在临近的地方。建筑内部也可以以不同的方式进行划分，从而改变（人口）密度。例如，一个大型公寓楼内可能包含许多小户型公寓，而一个小型公寓楼里可能仅容纳少量大户型公寓。办公楼可以有大尺度单一空间的开敞楼层或者多个小房间。城市形态应该能够舒适地容纳社会保障住房和私人住宅、公共机构和商业企业、大集团和小企业等。小型但重要的元素如"老年公寓"和居家办公，也应包含其中。

不同的建筑应当相互尊重，不忽视或压制彼此，尊重彼此各个朝向的整体格局，以及去往公共或基础设施的通道。建筑内部空间越具多样性，容纳差异化的邻居的可能性就越大。独立的各个建筑应该作为一个整体发挥作用。

每个独立的建筑都有在其内部创造空间差异的潜力。例如建筑物的某些部分应当设置于首层，以提升其可达性；而另一部分则宜设置于顶层，从而获得更多光线。而建筑的中间部分又会有所不同。有些建筑，如大型单层建筑，则可能同时具备上述三个部分的特质。此外建筑还可能有地下室，到达地面很方便，但显然自然光较少。

建筑及其组合的多样应该创造视觉上的丰富性。将不同外观的建筑并置可以创造场所感，从而为个人和社区创造更有趣的感官体验和更强的身份认同感。这些视觉上的差异使街道或社区更明显也更容易识别，有助于定位，也给步行带来更多愉悦。

高密度的城市建成环境应在邻近的范围内容纳广泛的建筑类型（不同的类型、形状、尺寸和空间条件）。建筑物在保持其结构流线独立性的同时，应在形态上相互尊重。

应该寻求：

- 不同类型的建筑

- 不同尺度

- 不同类型

- 更小的地块

- 更小的内部细分

- 更小、更多样化的产权

- 建筑不同部分平衡：底层、中层和顶层

- 视觉变化

2. 户外空间多样性

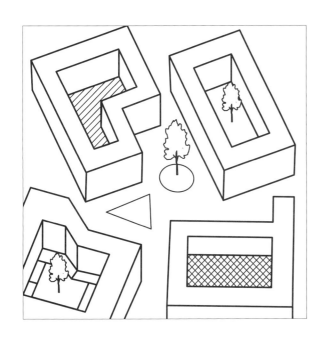

更长时间的户外活动应该是轻松愉快的体验。在户外的时间可以将人们与周围的环境彼此联系起来。城市需要有更多类型的户外空间来容纳更多样的户外生活。

城镇的户外空间非常重要，因为它为紧凑和局促的城市环境提供了至关重要的、额外的、有意义的生活空间。空间越具多样性，开展活动的潜力就越大，户外活动也就越丰富。使用户外空间应该是日常生活的一部分，这意味着你门前的空间有更高的价值。户外活动不仅仅是园艺或逛公园的乐趣，而是所有那些日常需要做的事情，

等公交或倒垃圾都应该被当作愉快偶遇的机会。

花时间在户外可以呼吸到新鲜空气，进行体育活动，和人们交往会面——所有这些都有益于身心健康。

城市的户外空间应该形成一个由多样的公共和私人场所联系或并存的系统。不同类型的空间相互融合和联系形成了一个复杂的系统，其中的细微差别促使了更多活动的发生。

街道、广场和公园等公共空间的功能与花园和庭院等私人空间不同。如果这两类空间能够相邻共存，相互补充，就可以为人们在日常生活中提供更多选择和机会。与城市的其他方面一样，整体大于部分的总和。

城市形态不仅需要容纳公共和私人的室外空间，也需要在临近范围内容纳不同类型的公共空间和私人空间。空间尺度也应多样，大或小，亲密或宽广；此外还需要不同的可达性和私密性，从高度可见到完全隐蔽。

在公共和私人空间之间，还有"半公共"和"半私人"、共用和共享，其具体的定义可以详细讨论。重要的是空间类型的多样性。

还应有鲁棒、灵活、多功能的空间在不同的时间发挥不同的功能。也要有专门用于体育、游

戏和表演等特定活动的空间。

也应该存在不同类型的"室内–室外"灰空间连接建筑与户外。这类空间包括柱廊、拱廊、露天平台、阳台、门廊、走廊、凉廊、露台和屋顶花园等。

最后，街道也属于公共空间。街道有不同的类型——林荫大道、大街、主街、小街、后街、小巷、小径和巷道——所有这些都以不同的方式支持户外活动。事实上，规划为交通通道的街道对人们来说可能是重要的场所。在街道上站立、停驻、坐下与通行一样重要。同样地，其他户外空间也可能是有通行的功能。例如，一个城市公园或广场可能是某人通勤路线的一部分，或者一个共享的庭院花园可能是其他人的穿行捷径。

高密度的城市形态应该容纳不同类型的户外空间，彼此之间相互接近，以满足公共和私人生活的广泛需求。

应该寻求：

• 不同类型的公共户外空间

• 不同类型的私人户外空间

• 不同类型的共享户外空间

• 共享户外空间

• 不同类型的空间，可以满足从通用到特定的不同需求和活动

• 连接室内外的灰空间

• 作为公共空间的街道

• 作为通行空间的公共空间

3. 灵活性

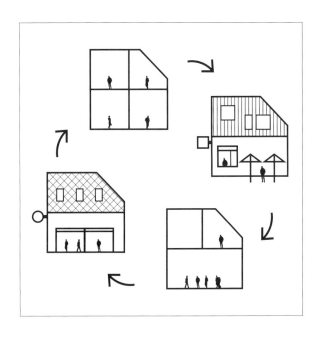

生活不断变化，但是城市、市镇或邻里社区一直存在。如果一个地方想要真正具有韧性，它的城市形态必须能够响应变化，并能做出相应改变。它必须适应不断变化的人口和经济周期、密度、新的活动和功能、新增人口以及原住民的新需求。一个邻里社区必须有能力对近期、中期和远期的变化做出响应。

近期的变化可能取决于日期（工作日或周末）、一天中的时间、季节或天气。一个灵活的空间可以有多种用途，适应不断发生的变化——学校操场周末会变成一个公园，市集广场也可以用作停车场，教堂工作日会被用于童军活动，酒店

或办公楼大厅有时会被用作快闪店。

也许将首层空间延伸出来是最温和、最简便的变通。这对于特定空间非常有价值，例如咖啡馆或餐馆将桌椅放置在人行道上或庭院里，商店在店外展示商品，居民将盆栽植物、户外家具和自行车放在门外占据边缘地带。

庭院是特别灵活的空间。被围合起来的简单空间十分易于适应变化，因为它们不太容易被看到，声音也能被挡住，像庭院这样的封闭空间很容易改变，因为它们不会干扰周围的环境。

从中期来看，变化意味着建筑的用途变化、翻新，或小规模的扩建，以应对新增的或更个性化的需求。密度的局部小幅增加可能会让成员增多的家庭或扩张的企业留在这里。

与公共区域直接连通增加了某一空间改变用途的可能性。这种连通可以是从街道直接进入，或者有一个只服务于特定场所的独立私属楼梯，或者通过一个过道进入庭院内的建筑。理想情况下，新的用途和使用者不会直接干扰现有的用途和使用者（另见准则5-步行友好性）。首层空间是最有可能改变用途的，因为它们与公共区域直接相连。重要的是，因为有直接的联系，可以仅改变首层功能而不影响建筑的其他部分。一般情况下，首层的开口比例越大，建筑的灵活性越强，改变用途

的潜力也就越大。如果将首层空间细分为独立单元，则会得到更大的灵活性。独立的空间越多，自发改变的机会就越大。

附属的建筑和空间——包括加建——在适应变化方面特别有用，因为没有增加新的容积率，因此不存在争议。这只是一个重新安排现有建筑或空间的问题，也许还有微小的物理变化和升级。地下室、阁楼和独立加建房屋都是从内部增加密度的空间范式。独立加建房屋的优势在于拥有可以直接进入的首层空间，尽管大多数情况下是从庭院空间而不是街道进入。阁楼尤其有趣，因为屋顶空间在光线和布局方面提供了空间类型的多样性。地下室不像阁楼那么有吸引力，因为它可以适应的功能有限。然而，靠近底层和街道意味着商业用途的可能性。阁楼、地下室和独立加建的房屋越多，意味着改变用途的潜力越大。

随着时间的推移，明确区分（建筑）背面和正面的结构更适应长期变化，因为人们可以感知到空间的可扩展性。在已经建成的区域内，在背面扩建更容易被接受，因为视觉影响对大多数人来说较小。

从长远来看，灵活性意味着拆除和替换整栋建筑等较大的组成部分不会影响整体的建成环境。因此，由多个独立的建筑或分形结构组成的城市形态，允许局部拆除和替换，可以适应更大、更重要的变化。

高密度、多样化的城市形态（在建筑和空间方面）应该灵活并能够响应在近、中、远期等各个维度的变化（包括密度增加）。

应该寻求：

• 多用途室内外空间

• 占建筑更大比例的底层

• 建筑不同部分的独立入口（特别是从公共区域直接进入的入口）

• 附属空间，如独立加建房屋、地下室和阁楼

• 建筑背面有扩展空间

• 可以活动的围合空间

• 建筑外摆等建筑界面的延伸

• 独立的分形

4．人本尺度

如果我们认识到城市空间中人们的需求，从保护、舒适和愉悦的角度来营造环境，我们就可以创造出人们愿意前往、经过和停留的社区。

一般意义上的人本尺度是指根植于人类感官和行为的尺度，带来较小的建筑元素和较低的建筑高度。特别是，这意味着在设计时要关注人视线水平的体验，包括吸引人的感官刺激，以及运用符合人体工学的尺寸。

较小的空间让人们彼此更亲近，也让人们更接近外界事物。让感官系统感知到更多东西可以带来更丰富的经历和体验，如看到微小细节，分辨细小声音，闻到气味，伸手触摸。小尺度的空间

也可以在建筑间营造更好的微气候，带来更愉快的体验。此外，较小的空间更方便人们看到场所全貌，因此也给人更强的安全感。

多层建筑（无电梯）有助于维系底层和上层之间的联系。在从街道到顶层有限的距离内，可以看到并获取有用信息，可以用声音传递信息，可以分辨不同的声音。五层以下的建筑物通常符合这些标准。

较小的空间安全、舒适，可以在这里停留和会面。特定的小空间往往会带来一种心理上的舒适，这种舒适和平静可以提高亲密感，促进社交。

可以通过缩小尺度感使一个大的空间环境更加人性化，就好像人们在某种程度上习惯于关注小事物，因为我们知道这些小事物很可能是最有价值的。因此，在大型建筑中引入较小的建筑元素非常重要。

城市环境应该能让所有感官感知，而不仅仅限于看到的景象，尽管视觉刺激也很重要。观察生活现象的机会越多越好——他人的活动，广阔的天空、光影、花草树木、鸟兽，以及丰富的颜色、材料和多样的图案、装饰。

人类均直立走路，最便于解读人视线水平的周边环境，与之互动并做出回应。面部是人类感官集中的地方，也是我们交流和表达情感最多的

部位。当我们步行进入一个空间时，人视线水平所发生的事情是最重要的。因此，城市形态应当在首层表现最佳。

在地坪以上3米（10英尺）的范围内所发生的事情建立起我们与场所的联系。通过门窗、材料、纹理和颜色，它将我们与建筑联系在一起，也将我们与在建筑里行走、站立和坐下的人们联系在一起。当我们在空间中移动时，人视线水平的体验是连续的，所以通过场景的不断变化而带给我们新的刺激至关重要。

人类对于不宜人的物理和气候现象高度敏感。当两个场所之间被糟糕的环境体验打断或分隔开来时，行为模式的连贯性就会消失，人们在该场所走动或停留的意愿会大大降低。小尺度的建筑元素、感官体验和人视线水平的关怀等人本尺度元素应该贯穿在整个邻里社区中，而不只是存在于某些孤立的地点。

高密度的城市形态应该基于人本尺度，也就意味着在建筑尺度和细节上为在建筑内及周边居住、在建筑物之间的开敞空间活动的人们提供舒适感和幸福感。

应该寻求：

- 较小的尺度

- 较小的空间

- 楼高不超过6层——最好是4层或5层

- 多感官体验

- 特别关注人视线水平上的体验

- 人视线水平上的环境品质的一贯性

5. 步行友好性

步行是人们每天做的最微不足道但可能是最重要的运动。步行友好性设计就是将邻里之间的生活联系起来，看看有什么可能，并提供可达性。其目标是便捷的到达、方便、自发参与，以及能够快速而轻松地从一个位置走到另一个位置。

在建筑内部，步行友好性主要涉及一些看似简单的事物，如窗、门、大厅、通道和楼梯的数量、位置和功能，它们为复杂的活动提供了选择。步行友好性是关于创建一个安全、舒适和愉快的适于步行的社区，人们可以从建筑到建筑，从建筑到街区，从街区到街区，以及从社区到周围环境之间轻松移动。步行友好性还与人际关系有关——在路上结识旁人，认知场所，体验自然的力量。

底层非常宝贵，因为它是可达性最佳的，每个人都可以直接进出，这是无障碍入口最简单的应用。这种室内外的流动性对繁忙的场所很有用处，如商店、工作场所、机构，甚至住宅。

每个带公共楼梯的建筑都应兼有通往前面和后面的出入口，以供选择。每个房子都应该有正门和后门。拱廊或过道在城市的公共和私人空间之间创建了多样的连接方式。

多层建筑的价值在于能够在不依赖电梯的情况下进入尽可能多的空间，同时还能与地面上发生的事情保持感官联系。一个用于检测建成环境的很好的问题是：在不使用电梯的情况下能够到达的面积比例是多少。

一个细微但重要的细节是公共楼梯的位置。理想情况下，公共楼梯应紧贴建筑物的外墙，有窗可以提供自然光线和通风，并且与外部保持联系。双跑楼梯每隔半层就会变换方向，打破了物理和视觉上的乏味，因为人们可以稍事休息，不用盯着长长的楼梯。

窗对于采光非常重要，它让人们感知到外面的生活和天气。窗户的形状会影响与外部的关系。竖向的窗不仅占用的可用空间较少，还可以让光线照进房间更深处的地方，让人们看到天空、周围的建筑和树木，以及户外的生活。

虽然窗户宝贵，但门才是真正的连接器，因为门使真正进入某个空间成为可能。一种关键的联系是观察街道——直接走上街头——参与其中。更多的门意味着更多不同空间之间、室内室外之间、私人到公共区域之间轻松自发的移动。前门和后门同样重要。落地窗和露台门等额外的开口，或私人户外楼梯等特殊元素，增加了更频繁的室内外移动的可能性。笔者对建筑的简单评判规则是：如果能看到公寓的窗户，就应该能看到某种形式的入口。

城市形态应该在住宅和办公场所外留有小而有用的空间，让人们可以真正地走到室外。阳台、凉廊、屋顶露台、门廊、走廊、前门廊、后门台阶、小面积的前后花园区域都属于这类空间。

建成形态应该考虑便利的可达性和连通性。简单地说，可达性就是花费最少的功夫进出、通过建筑物，以及在尽可能多的空间和场所之间快速移动。这也意味着邻里社区层面的步行友好性，步行是短距离内移动最舒适和最方便的选择。

应该寻求：

- 可以步入的建筑

- 可以穿过的建筑

- 步上式建筑（无电梯）

- 更高的底层占比

- 室内外之间的视觉联系和物理通道

- 与室外空间直接联系

- 邻里社区层面的步行友好性

6. 控制感和认同感

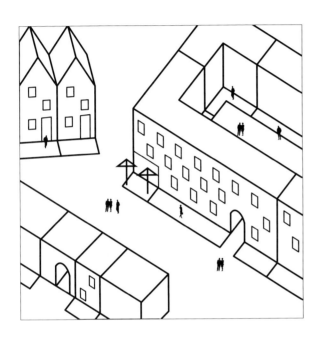

建成环境应该由可识别的、鲜明的场所组成，物理边界清晰，由个人或团体所有或实际控制。

它可以小到门口凹进去的放着一盆植物的台阶；可以是独栋住宅或公寓底层前的一个放着一些家具、种着一些灌木的小型私人花园；可能是八个家庭共用的公共楼梯，这里每个人都非常熟悉，在不太严重的紧急情况下可以互相寻求帮助；可以是由几栋建筑共享的有休闲设施的后院，人们可以一起活动；也可以是具有身份认同感的本地街道，又或者是对所有人开放的公共广场。

领域感的层次划分从家中开始，这里可能也有一些微妙的分层，有客厅和厨房等公共区域，以及卧室和浴室等更私密的空间。

下一个层次是共享一个地址的公寓和住在公共楼梯周围的人，形成了一个小规模的特定群体，他们有着选择住在同一个地方的共性，平衡了礼节、尊重、包容和严格。

下一个层次是共享的公共户外空间，如花园或庭院。这是比共享楼梯的邻居范围更大、更多样化的群体，由在环卫、安全、治安和夜间安静方面有共同利益的人组成。其次是在某一特定街道或公共空间周围生活和工作的一群人的身份认同和归属感。

再下一个层次是邻里社区。这是成功与否的真正考验之所在。如果这个层面没有身份认同感，那么就只能跳到下一层——城镇层面。

建成环境的结构可以明确定义空间，形成可识别的场所。例如，从更大的尺度看，联排建筑组成的围合街区可能有清晰的外部和内部，正面和背面，以及公共和私人的明确区分，并在内部形成了独特的庭院和花园，在外部形成了公共空间、街道和广场，这些都是明显可识别的场所。在小范围内，矮墙或树篱、大门和入口等设施足以定义一个区域。

如公共和私人这样的社会现象可以很容易转化为正面和背面这样的空间现象。正面更多的暴露在外，自然有着某种形式感。它通常更整洁，控制更严格，人们理解并接受在这个范围内的规则和特定行为。背面更隐蔽，因而通常更随意也更放松。这个范围对个人表达和个性化的自由度和接受度更高。商店橱窗和整洁的花园可能在正面，而垃圾桶、自行车库和晾衣架则隐藏在背面。

边缘区域，尤其是住宅外侧的边缘区域，对于表达身份非常重要。例如，小型私人花园或露台允许居民按自己的想法使用空间，无论是种植、存储、装饰，或作为社交空间。每个家庭都有不同的具体需求，而私人边缘区域允许甚至欢迎这些不同需求存在。

转角是社区空间系统中重要的识别性节点。转角是两条或多条路径交汇的地方，是出行网络中重要的交叉点，人们可以在转角改变方向。由于提供了更宽阔的视野，转角似乎成为全世界最受欢迎的约见地点，对成功商业活动最有价值的位置（如咖啡馆和受欢迎的本地小店），以及建筑物重点表现的机会。在网络中的重要位置、重要的商业活力和有记忆点的建筑——所有这些加起来使转角奠定了转角的重要地位，并有助于社区的指向和定位。

最后，还要重视让公共空间保持纯粹的公共性，让人们觉得来这里度过时光是受欢迎的。

建成形态应该为人们，无论是个人，还是小规模群体或大规模群体，提供更好的空间控制感。空间应该塑造人们的身份认同感，同时也有助于定位和导航。

应该寻求：

- 可识别的不同层次的领域

- 公共和私人之间的明确区分

- 正面和背面

- 围合和清晰的空间界定

- 较小的单元和土地细分

- 共同/共享的空间焦点

- 可利用的边缘区域

- 重要的转角

7. 宜人的微气候

在公共生活中，良好的微气候带来的舒适感尤其重要，它可以鼓励步行、骑车和户外活动。而且因为涉及步行和等候，所以微气候对公共交通的使用也十分重要。正如准则2中提到的户外生活，在户外空间活动可以弥补城市生活中较为局限的生活条件。

建筑形态和微气候方面的相关工作是弱化天气的影响，而不是否认或改变。这是一个过滤极端情况的过程。与"根据天气变化而穿衣"的概念相似，它是为了帮助人们更接近自然气候，与其和谐共处。这也减少了对机械供热和制冷的依赖。

为了创造更有活力的社区，鼓励更可持续的行动，特别是活跃的出行，宜人的微气候应该从家门口开始。这是步行的起点，前往公交车站（或任何目的地）的路线，或是你等待的地方。重要的是，不仅要打造某些特定具有宜人气候的口袋空间，还要在整个城市空间中形成宜人的气候。扬·盖尔观察到大多数老城都具备这种特质。

通常建筑高度普遍较低的城市形态能够创造更好的微气候，因为没有高层引起的湍流。较高的建筑经常会招致强冷风并导向地面，从而导致户外寒冷多风，让人很不舒服。此外，高层建筑投射出更长的阴影，导致某些地点长期处于阴暗和寒冷中。

建筑如果具有符合空气动力学的屋顶形状，如坡屋顶、四坡屋顶、穹顶或双重斜坡屋顶，将有助于将弱化风力，并让阳光照射到建筑间的空隙。

再比如在庭院中，当向阳的界面和防风的布局结合在一起时，就形成了避风向阳处。天冷时这里就成为户外生活特别有价值的地方。有趣的是，庭院等围合空间可以在炎热天气提供阴凉，也可以在寒冷的夜晚储存热量。在一年中凹阳台等半围合空间可使用更长的时间。

开口这样的小细节对于微气候来说也很重要。落地窗和荷兰式仓棚/两截门可以将整个房间变成阳台，将室内的人与户外的新鲜空气和生活联系起来。

下雨不应妨碍邻居们的日常生活。即使是在潮湿的环境中，建成环境中不同尺度的元素也应该可以让人们继续在户外活动和逗留。这类保护性建筑元素包括较小规模的干预措施，如屋檐、雨篷、天篷、建筑边缘宽大的挑出屋檐等，以及更大型的设施如柱廊、拱廊和有顶过道。

利用建成环境创造宜人的微气候，让人们在户外度过更多时间。

应该寻求：

- 一致的微气候条件

- 防止强风，避免湍流

- 阳光照射，避免背阴

- 符合空气动力学的屋顶形状

- 受保护或围合的室外空间

- 有用的建筑开口

- 边缘区域的防雨设计

8. 较小的碳足迹

建筑形态应该尽量少对环境产生负面的影响。通过影响建筑的布局、大小和形状可以转化为更低的能耗，更少的污染，以及资源与材料（经济）的节约。

较低的建筑高度和围合的空间创造了更好的局部微气候，带来诸多好处。减少强风和光照暴露意味着更少的维护，同时降低了整个地区对人工供热和制冷的需求。更多的联排建筑意味着没有那么多暴露的侧面，降低了建筑成本，并且随着时间的推移，减少了单个建筑的供热和制冷成本。

自然光无可替代。如果室内空间有自然光照，可以节省相当多的能源，并对健康和幸福有益。

理想情况下，所有房间和交流空间都应该是自然采光。较小的建筑尺度使得更多的空间可以从多面采光，极大地改善了一天内的室内采光体验。要重点考虑一天中光照的质量，而不是像许多建筑法规和标准那样只考虑某特定时段的光照量。在较小的建筑中，室内各处自然采光的可能性更大。在较低的建筑中，更有可能使用天窗来达到更显著的效果。

密度较小、高度较低的建筑中，自然通风可以在一定高度以下实现。通常，使用传统技术和建筑系统自然通风可以达到8层。此外，有了自然光，可以节省大量能源，对健康和幸福也有好处。由于人工照明和通风，人们在不健康的建筑中居住，从而导致了病态建筑综合征以及由此带来的社会代价，关于此类问题的书籍数不胜数。

更大的建筑覆盖率，也意味着更多的屋顶，以及收集太阳能和绿化的潜力，以减少热岛效应。阳光充足的屋顶也为本地食品生产提供了理想的温室条件。

以低层、小型建筑为基础的城市形态可以用更加简单的（轻型）方式建造。传统的建筑实践中更多地使用木材等健康的可再生材料。这不仅节省了投入的能源，还减少了混凝土和钢材等材料生产过程中产生的污染。低层、小型建筑也可以采用预制建筑部件，这种方式通常比标准的建造方法有更好的环境性能。

轻质建筑的地基更轻，也更浅，这意味着对土壤和地下水位的破坏更小，并能节省能源。

建筑越低，对电梯的依赖就越少。电梯使用的减少意味着生产和建筑运行的能源投入越少。

然而，真正的环境效益是步行友好社区里的日常行为带来的能源节约——人们不依赖于汽车就能获得每天需要的东西。

建成形态应该在建设和运营中使用更少的资源，同时促进具有更小碳足迹的行为和生活方式，如步行和骑自行车。

应该寻求：

- 较少的外立面（如联排建筑）

- 较小的尺度，实现自然采光和通风

- 更简单的施工和建筑基础

- 减少对复杂技术和重型工程的依赖

- 布局促进积极出行（特别是步行）

9. 较高的生物多样性

建成形态应该维持健康完善的绿地空间和自然生态。生物多样性对人类和地球都有很多益处，它主要关注植被，但也涉及更广泛的生物多样性，同时影响昆虫、鸟类等动物。

在建成区内，更丰富和多样化的环境对城市居民的健康和福祉有明显益处。植被存在声学效应，可以吸收和覆盖城市大面积的硬质表面（从而减少压力）。它还有助于减轻污染，通过吸收有害的纳米颗粒净化空气，这一点对于降低城市地区呼吸系统疾病的发病率非常重要。植被也是实用的视觉屏障，保护隐私，减缓风力，保护人们免受烈日暴晒。此外，植被还有助于缓解热岛效应。

更充分的土地划分可以形成更高的生物多样性，因为可能存在不同类型的关于绿地景观和自然环境的管控、标准和方法。每块土地都有可能构成一个独特的微生态系统。但如果把这些单独的地块放在一起，就会汇集出更广泛的生物多样性。两种不同系统的交汇处，如地块之间的树篱、栅栏和花园墙，是局部生物多样性的高峰地带。因此，每个地块不同的条件以及边缘地带的峰值对生物多样性产生贡献。整体大于各部分的总和。

日照和防风，围合或半围合之间的平衡有助于为生长条件创造有利的微气候（参见标准7），并减少人类干扰。庭院和封闭花园等受保护的空间，动植物可以茁壮成长。人们也可以在这些地方享受不受干扰的大自然。例如，植被和野生动物的声音（树叶的沙沙声和鸟叫声）在受保护的空间里会更显著。

保持较低的建筑高度为绿色屋顶（从有盆栽植物的屋顶花园到有景天属植物和其他植物的屋顶表面）和绿色墙壁（从简单的爬行植物到复杂的种植系统）创造了更好的微气候。窗台花箱、阳台等小范围的可种植空间在较低建筑高度创造的温和微气候中能发挥更好的作用。

建成形态中应有一定的空间容纳柔性景观，以及当地的雨洪管理和雨水过滤系统。应该保证一定量的有较深覆土的空间，以促进自然排水。

通常情况下，停车场等地下构造打消了自然排水或大面积种植的可能性。当建筑物和硬质表面的规模较小时，雨水径流的数量减少，因此更易于管理。

大自然离你的日常生活越近，与大自然的关联性越强。正如标准6中所提到的，精心安排建筑与周围环境和室外空间的关系可以增加控制感、责任感和社区感。

容易到达的户外空间，使用频率就会更高，从而引发关注，带来关照和培育的行为，最终可能促使共享的社区维护，甚至社区种植。因此，可以形成庭院和花园，有明确定义的私人和共享空间的地块划分，可以促进责任感的形成及与自然界的联系。

城市形态应容纳自然生活。建筑的布局、大小和形状以及空间的使用应该为自然生态提供条件，促进生物多样性的形成。

应该寻求：

• 多个小尺度、独立的户外绿色空间

• 多处受保护的空间和边缘地带

• 较小的建筑尺度、绿墙和绿色屋顶

• 较小规模的雨水管理与较慢的水过滤

• 尽可能的柔性景观

注释

注释

引言

1 英格·克里斯滕森，《它》，译者：苏珊娜·尼德（纽约：新方向出版社2006年），最初以丹麦语出版于1969年。

2 扬·盖尔，《交往与空间》，译者：乔·科赫（华盛顿：Island Press 2011年，最初以丹麦语出版于1971年。）

3 扬·盖尔，《交往与空间》，译者：乔·科赫（华盛顿：Island Press2011，最初以丹麦语出版于1971年。）英格丽·盖尔，《住宅心理学》（哥本哈根：SBI Rapport 71，1971年）。

4 参见Monocle杂志的《生活质量调查》，哥本哈根三次被提名最宜居城市（2008年，2013年，2014年）。2016年，它在Metropolis的排名中名列第一；在《经济学人》杂志2005–2018年的城市宜居性排名中，它排在第九位。

5 杰米·勒纳，规划报告，2007年10月：https://www.planning.report.com/2007/11/01/jaime-lerner-cities-present-solutions-not-problems-quality-life-climate-change（2019年4月14日访问）。

创建街区

6 哥本哈根，庭院绿化项目，于1992年启动。

7 简·雅各布斯，《美国大城市的死与生》（纽约：Random House 1961年）。

8 卡斯滕·保尔松，《公共空间与都市风格：如何设计人性化城市》建筑与设计手册（柏林：DOM Publishers 2017年），164。

9 G. J. 科茨，"德国弗莱堡沃邦可持续社区"国际杂志Design & Nature and Eco-dynamics，第4期，卷8（2013年），265–286页。

10 活跃的底层可以让更多人在室外度过时光。一项研究使用了类似的街道布局，但不同的地面层——活跃层（有门、凹入的区域等）和非活跃层（没有窗户、门等开口），结果表明，在活跃地面层停留的人是非活跃层的7倍。扬·盖尔，Kaefer，洛特·约翰森，Reigstad，索尔维格。《与建筑的亲密接触》，刊于Urban Design International（2006年）第11期，29–47页。

你的生活时光

11 约翰·列侬，《漂亮的男孩》（1980）。出行

12 简·雅各布斯，《美国大都市的死与生》（纽约：Random House 1961年），36–37。

13 ITDP，《行人优先：适合步行的城市工具》（ITDP，2018年）。

14 参见扬·盖尔的《人性化的城市》（华盛顿：Island Press 2010年）。

15 扬·盖尔。《人性化的城市》（华盛顿：Island Press 2010年），131–32。

16 根据联合国人类住区规划署，街道应占城市30%的面积：联合国人类住区规划署，《街道作为公共空间和城市繁荣的驱动力》（联合国人类住区规划署，内罗毕，2013年）。

17 珀斯：《双向街道》（珀斯2014年）；关于Vikash V. Gaya单向街道的缺点，"双向街道网络：比预想的更高效？"访问，2012年秋。

18 珀斯：《双向街道》（珀斯2014年）。

19 罗布·亚当斯等，《改变澳大利亚街道》（墨尔本，2009年）。

20 罗布·亚当斯等，《改变澳大利亚街道》（墨尔本，2009年）。

21 根据艾伦·昆比和詹姆斯·卡斯尔的关于简化街景方案的评论（伦敦：伦敦交通2006年），交通事故已经减少了一半。

22 中国谚语。

与天气相处

23 关于户外生活的概念，斯堪的纳维亚人称之为Friluftsliv。参见马迪·萨维奇的《Friluftsliv：北欧人户外生活的概念》（BBC，2017年12月11日）。

24 哥本哈根，《自行车评估报告》（哥本哈根2006年）。

25 1986、1995、2005年数据。扬·盖尔的《人性化的城市》（华盛顿：Island Press 2010年），146。2015年哥本哈根的数据，Bylivsregnskab（公共生活报道）（哥本哈根2015年），6。

26 克里斯托弗·伯格兰，"自然光照射下可以提高工作场所的表现"，Psychology Today，2013年6月。

27 克里斯托弗·亚历山大，《建筑模式语言：城镇、建筑、构造》（纽约：Oxford University Press 1977年），模式语言159。

28 国际能源署，《未来制冷》（国际能源署，2018年5月）。

29 亨宁·拉森、Micki Aaen Petersen，*微气候分析（微气候分析）*，Bo01，Västra Hamnen，马尔默，2018年6月。

30 亨宁·拉森、Micki Aaen Petersen，*微气候分析（微气候分析）*，Bo01，Västra Hamnen，马尔默，2018年6月。

31 墨尔本，城市森林战略：https://www.melbourne.vic.gov.au/community/parks-open-spaces/urban-forest/Pages/urban-forest-strategy.aspx（accessed 05.12.2018）.

32 哥本哈根，英文版《气候适应性规划，参见：https://en.klimatilpasning.dk/media/568851/copenhagen_adaption_plan.pdf（2019年4月14日访问）。

33 参见理查德·洛夫的《林间最后的小孩》（北卡罗来纳教堂山：Algonquin Books2008年）。